小さなことに
あくせくしなくなる

天文学講座

生き方が
変わる
壮大な
宇宙の話

理学博士・天文学者
谷口義明

PHP

はじめに

平成から令和の時代になり、どんな時代が待っているのかと楽しみにしていました。

ところが、コロナ禍《か》の時代になり、ライフスタイルが大きく変わりつつあります。

緊急事態宣言下では、会社への出勤もままならず、在宅で仕事をするのが普通になり、会議はオンライン。出張もできません。テレワークがこんなに身近になるとは思ってもいませんでした。


マスク着用、うがい、手洗い、そして消毒。

判で押したように毎日連呼されました。

さらに新たなキーワードも出てきました。

「不要不急の外出は避けてください！」

これも、毎日のように連呼されました。

不要不急。今まで普通に生活してきましたが、まずこの言葉を聞くことはありませんでした。そこで、復習のために辞書で調べてみると、次のように説明されています。

不要：いらないこと、無駄なこと、しないでよいこと、つまり用のないこと。

不急：急を要しないこと、さしあたって用のないこと。

特に必要でもないこと。特に急いでやる必要もないこと。

私たちは、大切なことを忘れ、意味のないことにたくさんの時間を費やしていたのでしょうか。

今までの生活を振り返ってみれば、思い当たる節もあります。

私たち人間はどうも、無駄なことや急ぎでないことに、かえって関心を持つ不思議な生き物なのかも知れません。

一方で、「無用の用」という言葉があります。荘子が遺した言葉です。無用とされているものが、かえって大きな用をなすことがあるという意味です。他人の言うことに関心を持たず、自分の思うところを突き詰める。気がつけば、大成功していたケースもあるのではないでしょうか。ノーベル賞を受賞された方々の物語を読むと、そんな気もします。実のところ、常識にとらわれない生き方も必要なのかも知れません。


いずれにしても、コロナ禍はすぐにはおさまりそうもありません。

そろそろ本格的なライフスタイルのシフトが必要になってきているようです。


最近、あるテレビ番組を見ていたら「何もしないで楽しむ」ことが紹介されていました。

ベランダのソファーに座り、お茶を飲みながらボーッと過ごす。

近くの林の中の遊歩道を当てもなく歩く。

例えば、そんな時間の過ごし方です。

そのとき大切なことは、頭の中を空っぽにしておくことです。

不要不急を忘れて生きる。もし、そういう生き方があるならば、この機会に身につけたいものです。

私は天文学者をやっています。専門は銀河の研究です。ふと考えてみると、銀河はずいぶんゆったりと生きていることに気がつきました。

そこで、本書では、宇宙にある銀河に着目して、不要不急とはまったく無縁の世界を学んでいこうと思います。題して『小さなことにあくせくしなくなる天文学講座——生き方が変わる壮大な宇宙の話』。

では、出発です。そこには不要不急を忘れた世界が待っています。

2021年2月　仙台の自宅にて

谷口義明

小さなことにあくせくしなくなる天文学講座　目次

第1章 星空の世界へ

第2章　星雲と銀河

第3章　どっしりと構える銀河

第4章　ユニークな銀河の暮らしぶり

第5章　宇宙は複雑なことが嫌いである

第6章　渦巻銀河に見る銀河の生き方

第7章 楕円銀河に見る銀河の生き方

第9章　ステイホームが基本

第10章　銀河の結婚観と三密問題

第12章　未知との遭遇を求めて不要不急の旅に出る

第1章 星空の世界へ

1-1 星空の世界

まずは、夜空を眺める

今の時代、夜空をゆっくり眺めることは少なくなりました。そもそも、街の灯《あか》りのため、星空がよく見えなくなっています。さすがに月は見えますが、夜空に見える星の数はわずかになってしまいました。

太陽系の惑星である金星はとても明るく見えます。夕方の空に見える場合は宵《よい》の明星《みようじよう》、明け方の空にあれば明けの明星です。そのほかに明るいのは、やはり惑星で、木星、火星、土星が明るく見えます。これらの惑星は1等星に比べて明るいので、街の灯りがあっても、夜空に見ることはできます。

私は天文学者なので、観測のため、「すばる望遠鏡」のあるハワイ島マウナケア山（標

図1-1　夜空に見える天の川

小惑星イトカワの物質を取りにいったJAXAの小惑星探査機「はやぶさ」が地球に帰還したとき、カプセルの大気圏再突入の観測時に撮影された写真。(提供：大西浩次　撮影地：オーストラリア クーパーペディ　日時：2010年6月13日)

高は4200メートルです）に出かけることがあります。そのときは、とても美しい星空を堪能することができます。しかし、自分の住んでいる街（宮城県仙台市）でも、東京ほどではないにしても、街の灯りのせいで、美しい夜空を見ることはできなくなっています。

子供の頃は、北海道の旭川市に住んでいました。自宅は街の外れのほうにあったので、夜空は綺麗でした。まあ、今から50年も前のことですから、まだ自然が残されていた時代でもありました。

とはいえ、今でも街の灯りの影響がなく、空気の綺麗なところで夜空を眺めると、物凄い星空を見ることができます（図1-1）。天の川が綺麗に見えています。こういう星空を眺めていると、不要不急のことは忘れてしまうでしょう。たまには、こういう星空の下で、ゆっくりとした時間を過ごしたいものです。

夜空に広がる星の世界

図1-1の写真には天の川銀河のすべての星が見えているわけではありませんが、それでも物凄い数の星があることに驚きます。天の川銀河はまさに星の世界なのです。

今から100年前だったら、夜空はもっと綺麗に見えたと思います。童話作家・詩人として有名な宮沢賢治（1896〜1933、以下では賢治と略させていただきます）は故郷の岩手県花巻市で夜空を堪能していました。実際、賢治は中学生になった頃、宇宙に関心を持つようになりました。賢治の弟、宮沢清六の『兄のトランク』を読むとわかります（ちくま文庫、1991年、21-22頁）。

私と九歳も年の違っていた兄は、この頃家から十里も北の盛岡中学校の寄宿舎に入ったばかりで、時々の休みで家に帰って来ますと、私達の遊びは全然別のものになったものでした。

（中略）

兄が星座に夢中になったのも其頃のことと思いますが、夕方から屋根に登ったきりでいつまで経っても下りて来ないようなことが多くなって来ました。丸いボール紙で作られた星座図を兄はこの頃見ていたものですが、それはまっ黒い天空にいっぱいの白い星座が印刷されていて、ぐるぐる廻せばその晩の星の位置がわかるようになっているものでした。

屋根の上で星空を見るのは、不要不急の外出には当たらないと思います。周りに人はいませんし、迷惑をかけることもありません。賢治は屋根の上で神秘的な星空を夜毎楽しんだことでしょう。

賢治が盛岡中学校に入学したのは明治42年（1909年）のことでした。俳人の中村草田男（1901～1983）の有名な俳句を思い出します。

――降る雪や明治は遠くなりにけり――

この句は昭和6年に詠まれたとされています。

今の時代の人にとっては、大正も昭和も遠い時代になりました。うっかりすると、平成もすぐ遠い時代になるかもしれません。

そして、夜空は明るくなっていく一方です。今のうちに、夜空が美しく見える場所に行き、目に焼き付けておいたほうがよさそうです。

1-2 星座とアステリズム

星の群れ

夜空を眺めると、さまざまな明るさの星があり、いろいろなパターンを作って並んでいるように見えます。そこで、特徴的な星々の配置に対して星座を設定して、夜空に親しんできた経緯があります。古代ギリシア時代（紀元前9世紀）には、もう「オリオン座」などの星座が設定されていました。多くはギリシア神話に由来する星座が多いですが、どうしても北半球から見える北天の空に集中して設定されていました。

北天の星座の基礎となったのが、クラウディウス・プトレマイオス（83年頃～168年頃：英語名はトレミー）が設定した48個の星座です（トレミーの48星座）。16世紀になると大航海時代に突入し、南半球から見える南天の空にも星座が必要になってきました。夜の航海を安全にするためです。そこで、さまざまな南天の星座が設定されました。

現在では、全天に88個の星座が認められています。混乱を避けるために、国際天文学連合が1922年に統一したものです。星座の中には、「さそり座」や「はくちょう座」はその名前と形がある程度一致しているものもあります。しかし、ほとんどの星座は、星々の配置を見ても、なぜそういう星座名なのかピンとくるものはあまりありません。

そこで、私たちがすぐに気がつくことができる、特徴的な星の配置をアステリズム（星群）として名前をつけ、親しんできています。例えば、皆さんがご存知の、「北斗七星」がその例です。

北斗七星は星座の名前ではありません。星座としては「おおぐま座」にありますが、比較的明るい七個の星が柄杓《ひしゃく》の形に見えているものです。では、北斗七星が「おおぐま座」にあることを知っている人はどのぐらいいるでしょうか。実際にアンケートをとったわけではありませんが、回答は次のようになると思います。

北斗七星：知っている
「おおぐま座」：知らない

つまり、多くの人にとって、星座よりはアステリズム（星群）のほうが親しみのあるものだということです。これは私たち人間の目が、パターン認識に優れているという特質によっているのでしょう。

星の配置を見て、何かイメージが湧いたら、自分だけの星座名、あるいはアステリズム名をつけてみるのも楽しいかも知れません。そこから宇宙への扉が開けていくことでしょう。

夏の夜空に見えるアステリズム

ここで、夏の夜空の全貌を眺めてみましょう（図1-2）。この写真には、読者の皆さんにもお馴染《なじ》みの星たちが見えています。

・北斗七星
・北極星を含む小北斗七星
・Wの形をしたカシオペヤ座

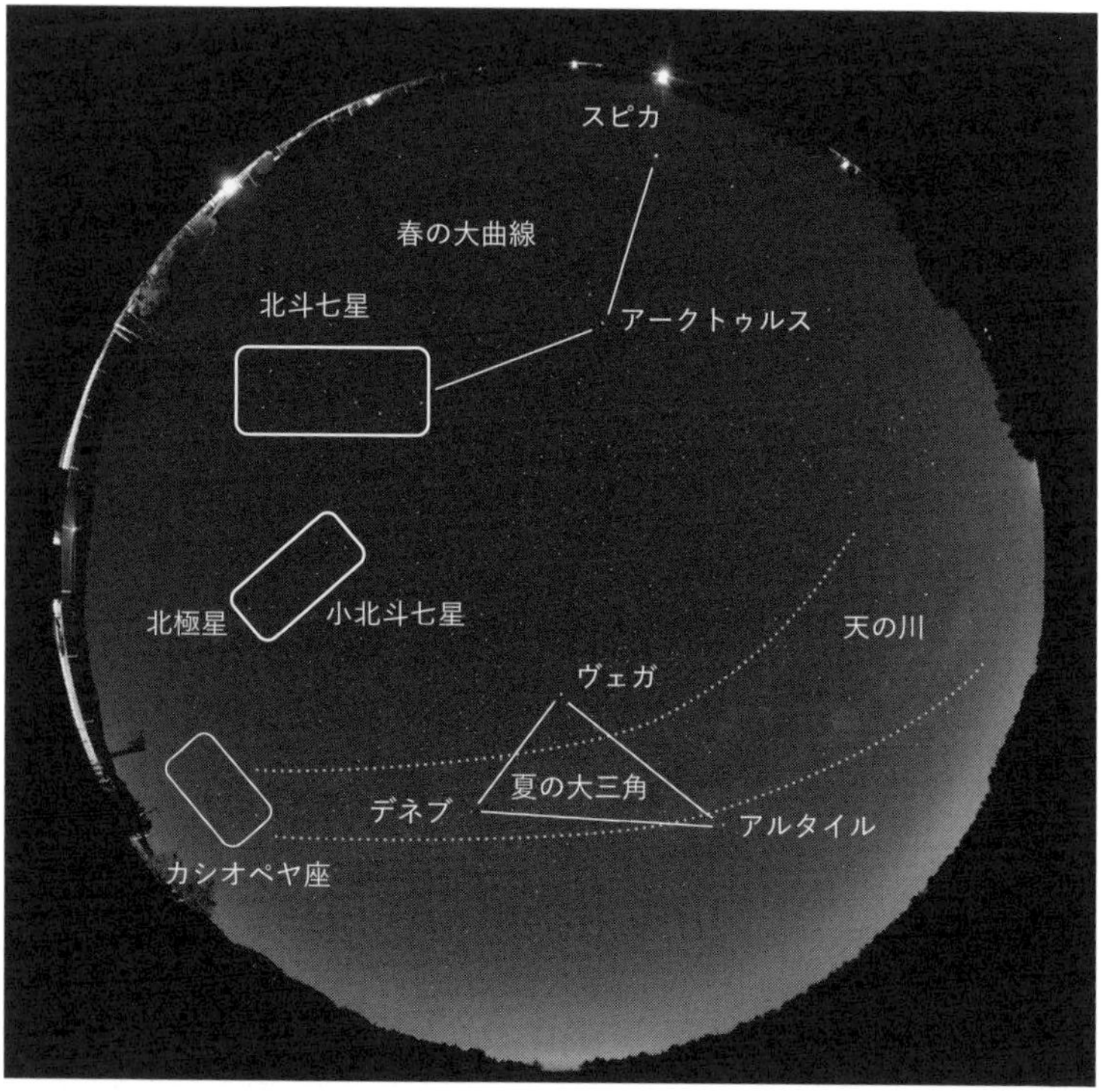

図1-2　日本の夏の夜空に見える、いくつかのアステリズム

カシオペヤ座から夏の大三角を通り、右上に向かって天の川が見えています。
（撮影：畑英利）

・夏の大三角
・春の大曲線

さて、さまざまな名前が出てきましたが、これらは星座の名前ではありません。先ほど、「北斗七星」のところで紹介したように、これらの名前は「星群」、あるいは「アステリズム」と呼ばれるものです。

「春の大曲線」という名前は、耳慣れないかも知れません。北斗七星は「柄杓」の形をしています。その柄杓の「柄《え》」の部分を北斗七星の外側に伸ばしていくと、二つの明るい星に繋《つな》がっていきます。まず、最初に出会うのが「うしかい座」のα星アークトゥルスです。そして、さらに伸ばしていくと、今度は「おとめ座」のα星スピカに出会います。これらを結ぶ曲線が「春の大曲線」と呼ばれるものです。

図1-2の中央やや下に、天の川も見えています。そして、天の川を挟むように見えているのが「夏の大三角」です。「はくちょう座」のデネブ、「こと座」のヴェガ、そして「わし座」のアルタイル。これらの三つの1等星が形作る、大三角形です。クローズアップを図1-3に示しましたのでご覧ください。

「はくちょう座」は明るい星が十字の形に並んでいるので、「北十字」と呼ばれています。「南十字」はもちろん、「みなみじゅうじ座」に見える十字です（第4章図4-7を参照してください）。「はくちょう座」のα星のデネブは綺麗な青い星です。このあと紹介する「さそり座」のアンタレス（図1-4）とは好対照です。一方、「はくちょう座」のβ星のアルビレオは青い星と赤い星の二重星で、双眼鏡があればそのコントラストを楽しむことができます。

図1-3を見ると、織姫（ヴェガ）と牽牛《けんぎゅう》（アルタイル）は天の川を挟んでいることがよくわかります。七夕の夜、二人が川を渡って会うことができればよいのですが、銀河鉄道が必要かも知れません。「はくちょう座」の北十字はまるで相合傘のようにも見えます。

ところで、図1-2の左側（北側）には見慣れたいくつかの星たちが見えます。上には北斗七星、その下側には北極星を含む小北斗七星、そしてさらに下側にはWの形をしたカシオペヤ座です。

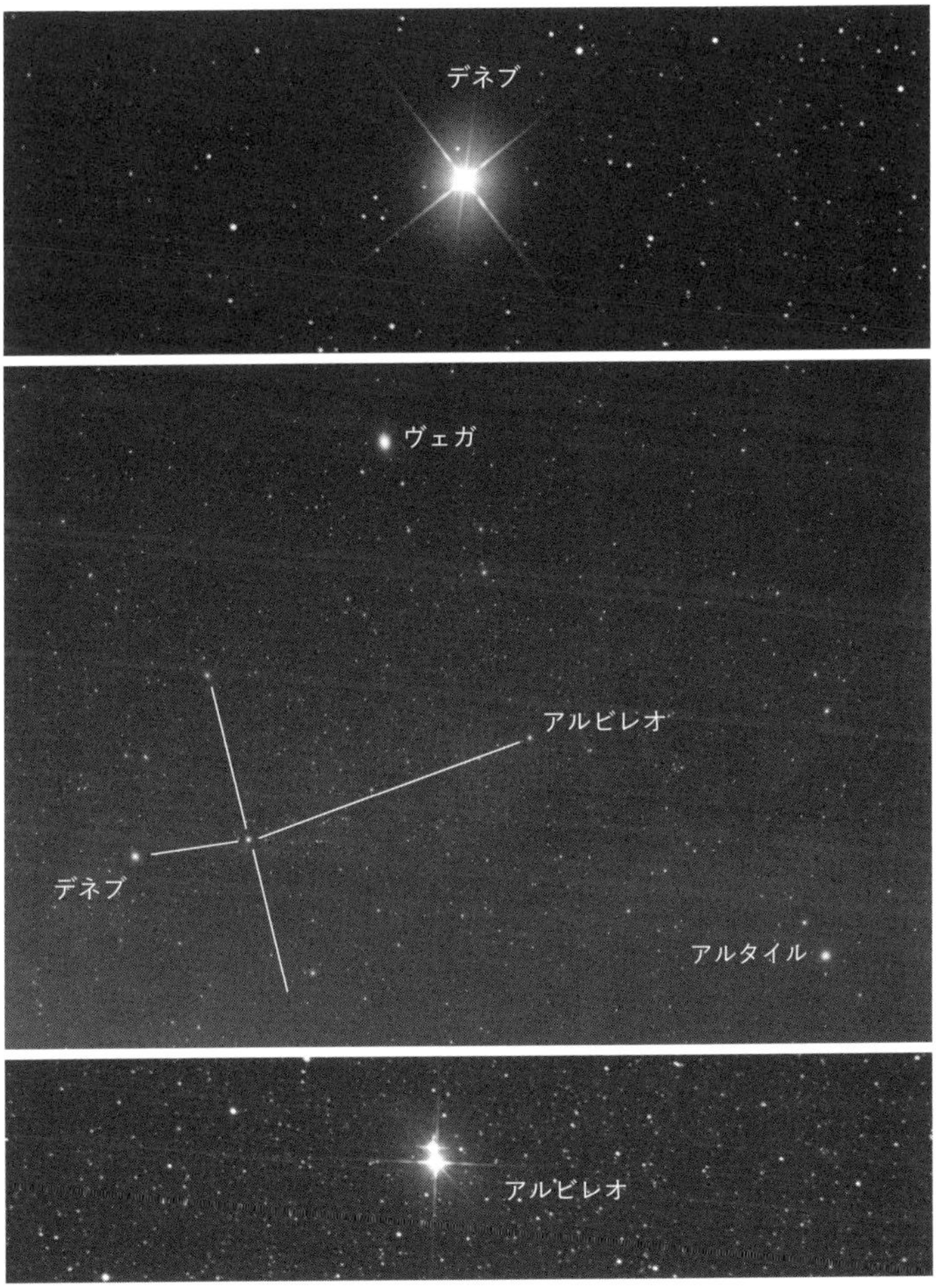

図1-3(中央)　夏の大三角のクローズアップ

「はくちょう座」のデネブ、「こと座」のヴェガ、そして「わし座」のアルタイルが作る三角形。「はくちょう座」は十字の形をしているので北十字と呼ばれています。「はくちょう座」の北十字と、夏の大三角。 **上**：「はくちょう座」の α 星デネブ。 **下**：「はくちょう座」の β 星、アルビレオ。下に見えるのが三等星の β^1 星（アルビレオA星）で、上に見えるのが5等星の β^2 星（アルビレオB星）です。

星の明るさ

夏の大三角を構成する「はくちょう座」のデネブ、「こと座」のヴェガ、そして「わし座」のアルタイルはいずれも1等星です。このような1等星は全部で21個あります。

子供の頃、理科の時間に星の明るさは「一番明るく見えるのが1等星、肉眼でぎりぎり見えるのが6等星」という話を聞きました。そのため、星の明るさは1等星、2等星、3等星、4等星、5等星、そして6等星の6種類しかないと思ったものです。しかし、現実の世界ではそう簡単にはおきません。0・5等とか、1・5等とか、小数点以下の数字も等級には出てきます。ここでは、星の等級について簡単に説明しておくことにしましょう。

星の明るさの分類が最初に提案されたのは、古代ギリシアの時代までさかのぼります。当時の天文学者、ヒッパルコス（紀元前190年頃～紀元前120年頃）が「一番明るく見えるのが1等星、肉眼でぎりぎり見えるのが6等星」とすることを提案したのです。

1等星から6等星までには5等級の差があります。この明るさの差がちょうど100倍であることがわかったのは1840年頃のことでした。ジョン・ハーシェル（1792～

１８７１）が星の明るさを詳しく調べて明らかにしたのです。ジョンは天の川の定量的な地図を作成したウィリアム・ハーシェルの息子です。

１等級の差は明るさでは２・５倍の差に相当します（正確には２・５１２倍）。つまり１等星は６等星に比べて２・５１２の５乗＝１００倍明るいのです。人間の目は明るさを対数スケールで認識します。つまり、ファクターではなく、桁《けた》の差で認識しているのです。そのため、ヒッパルコスの等級の定義は、私たちの感覚によく合ったものになっています。

等級は明るいほど数字が小さくなります。１等星より１等級明るい星は０等星です。さらに１等級明るいとマイナス１等星というようになります。マイナスのほうが明るいというのは変な感じですが、定義なのでしょうがありません。ちなみに、昼間見る太陽の明るさを等級で表すと、なんと約マイナス27等星です。１等星の明るさの４０００億倍になります。なお、満月の明るさは約マイナス13等星で、こちらは、１等星の明るさの４００万倍です。

一方、人類が見つけた最も暗い天体（１３０億光年以上も遠い銀河）の明るさは29等星です。１等星の１５００億分の１の明るさしかありません。月面に置いた蝋燭《ろうそく》の灯りに相当します。ハッブル宇宙望遠鏡が１００時間以上の観測時間をかけて見つけたものです。

1-3 宮沢賢治の『星めぐりの歌』

『星めぐりの歌』

1-1節で、宮沢賢治が屋根の上で、夜な夜な星空を見ていたお話をしました。その成果が、賢治の歌である『星めぐりの歌』に集約されています。早速、読んでみることにしましょう。

あかいめだまの　さそり
ひろげた鷲の　　つばさ
あをいめだまの　小いぬ、
ひかりのへびの　とぐろ。

オリオンは高く　うたひ
つゆとしもとを　おとす、
アンドロメダの　くもは
さかなのくちの　かたち。

大ぐまのあしを　きたに
五つのばした　ところ。
小熊のひたいの　うへは
そらのめぐりの　めあて。

（『【新】校本 宮澤賢治全集』第六巻、本文篇、筑摩書房、１９９６年、３２９頁）

これを読むと、賢治が星座や星に注いでいた愛情が感じられます。賢治の童話『双子の星』では、みんながこの歌を歌い出すと、双子のお星様であるチュンセ童子とポウセ童子が銀笛を吹きます。なんとも微笑《ほほえ》ましい光景です。

図1-4 「さそり座」のα星、アンタレス

（撮影：畑英利、撮影地：長野県富士見町・八ヶ岳タマ天文台）

そこで、私たちも賢治を見習って、少し星空を見ておくことにしましょう。

あかいめだまの　さそり

さそり（蠍）という言葉が出てきますが、これは「さそり座」のことです。そして、あかいめだまは「さそり座」のα星、アンタレスのことです（図1-4）。星座の中の星は明るい順にα、β、γというように名付けられています。これはドイツの法律家であるヨハン・バイエル（1572~1625）が1603年に上梓《じょうし》した星図『ウラノメトリア』で提案したものです。400年以上経った今でも用いられています。

賢治はアンタレスのことを〝蠍の赤い目玉〟と名付けていたのです。賢治は「さそり座」が大好きで、作品の中で60回以上も使っています。もちろん、アンタレスもお気に入りの星でした。このように好きな星座や星を見つけることは、宇宙に近づく一歩になります。

ところが、アンタレスは〝さそりのめだま〟ではなく、さそりの心臓部の位置にあります。心臓には赤い血がたくさんあるので、理にかなっています。どうも、賢治は明るい星のことを〝眼〟と感じていたようです。

大ぐまのあしを　きたに　五つのばした　ところ

宇宙にあまり関心のない方でも、北極星は知っているのではないでしょうか。地球は自転しているので、自転軸があります。それを北側に伸ばした方向にあるのが、天の北極と呼ばれる方向です。逆に、南の場合は、天の南極があります。たまたま、天の北極方向に見えているのが、北極星です。天の北極方向からは、約1度ずれてはいるのですが、見た目にはいつも同じところにあるように見えます。そのため、昔から方角を調べる便利なツールとして利用されてきています。北極星は「こぐま座」にあります。そこで、賢治の次の表現になっているのです。

小熊のひたいの　うへは
そらのめぐりの　めあて。

ただし、実際には「ひたい」ではなく「しっぽ」のところにあります。

北極星は北の空を見ればすぐにわかりますが、探す方法があります。北斗七星を使う方法と、「カシオペヤ座」を使う方法です。賢治は北斗七星を使う方法を述べたのです。

大ぐまのあしを　きたに
五つのばした　ところ。

確かに「柄杓」の先にある二つの星を使って、5倍伸ばしたところに北極星があります

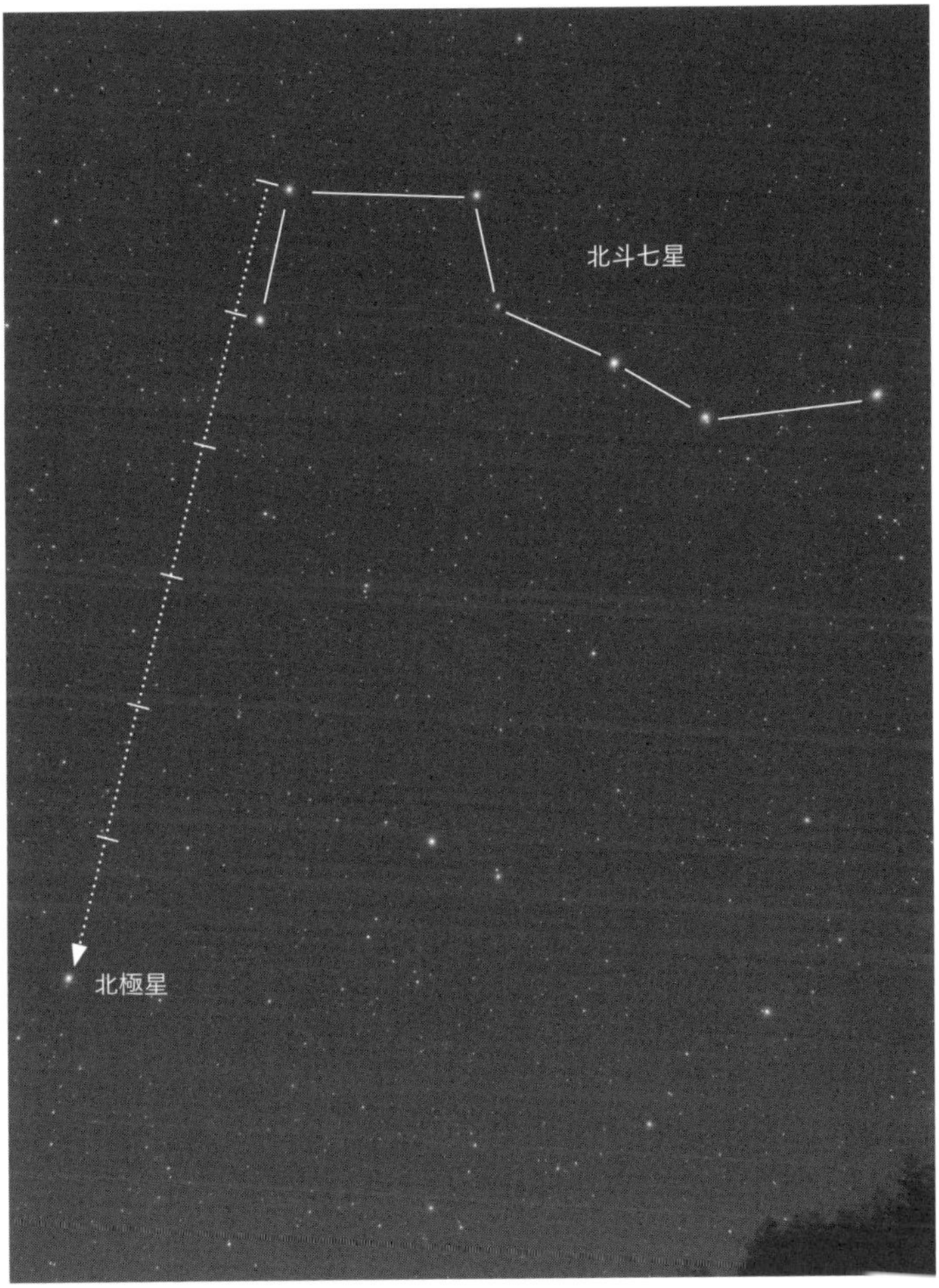

図1-5 北斗七星を利用した北極星の探し方

3月上旬、午後10時頃の空。左下には人工衛星の軌跡が少し見えています。(撮影：畑英利、撮影地：長野県木曽町キビオ峠)

（図1-5）。しかし、北斗七星の柄杓の部分は大熊の胴体の部分にあり、足には該当しません。したがって、ここでも賢治のオリジナリティが発揮されて、歌になってしまったのです。

オリオンは高く　うたひ　つゆとしもとを　おとす

「オリオン座」にはベテルギウスとリゲルという2個の1等星があります。他にも、比較的明るい星が多いので、冬の夜空にひときわ目立って見える星座です（図1-6）。「オリオン座」を有名にしているのは、その形だけではなく、オリオン星雲が見えるからです（図1-7）。

見かけの大きさは約1度。これは、満月2個分の大きさです。見かけの明るさは約4等星に相当するので、肉眼で見つけることができます。オリオン星雲はまるで鳥が羽を広げている姿のように美しい形をしています。鳥の頭のように見える部分はM43という名前がついていますが、オリオン星雲の一部になっています。

ちなみに、

図1-6　オリオン座

ベテルギウスとリゲルは1等星。オリオン星雲は矢印の先にある。この写真は西の空に沈んでいく様子なので「オリオンは高く」とはいきません。「オリオン座」を天頂付近に見たければ、赤道のあたりで見る必要があります。（撮影：畑英利、撮影地：長野県木曽町キビオ峠）

—つゆとしもとを　おとす、—

ですが、これは流れ星のことを意味しています。毎年、10月下旬にはオリオン座の方向から流れる明るい流れ星を見ることができます。これはオリオン座流星群と呼ばれています。この時期、ハレー彗星《すいせい》が撒《ま》き散らした小さなダストが浮遊している領域に地球が入っていきます。浮遊していたダストは地球の大気に突入し、摩擦熱で燃えます。その発光が流れ星として観測されるのです。

図1-7　オリオン星雲M42

質量の重い星がたくさんあるので、それらの星から放射される大量の紫外線のため、ガスが電離されています。電離ガスに含まれるさまざまなイオンが輝線を出すので、綺麗な色の星雲として観測されています。ちなみに赤は主として水素、緑は主として酸素イオンが放射しています。距離は1500光年で、実際の大きさは33光年もあります。左上に見える鳥の頭のように見えるのはM43という名前の星雲です。

（NASA/ESA/STScI）

http://hubblesite.org/newscenter/archive/releases/2006/01/image/a/format/xlarge_web/

アンドロメダの　くもは　さかなのくちの　かたち

「アンドロメダ座」は秋の星座です。それほど目立つ星座ではありませんが、アンドロメダ銀河が見えるので、有名な星座です（図1-8）。

つまり、

――アンドロメダの　くもは――

この言葉は、アンドロメダ銀河を意味しています。円盤銀河を斜め上から見ているので、賢治には魚の口の形に見えたようです。

すばる望遠鏡で撮影されたアンドロメダ銀河の姿は第4章で紹介します（図4-1と図4-6）。魚の口に見えるかどうかは、第10章の図10-12で確認してください。

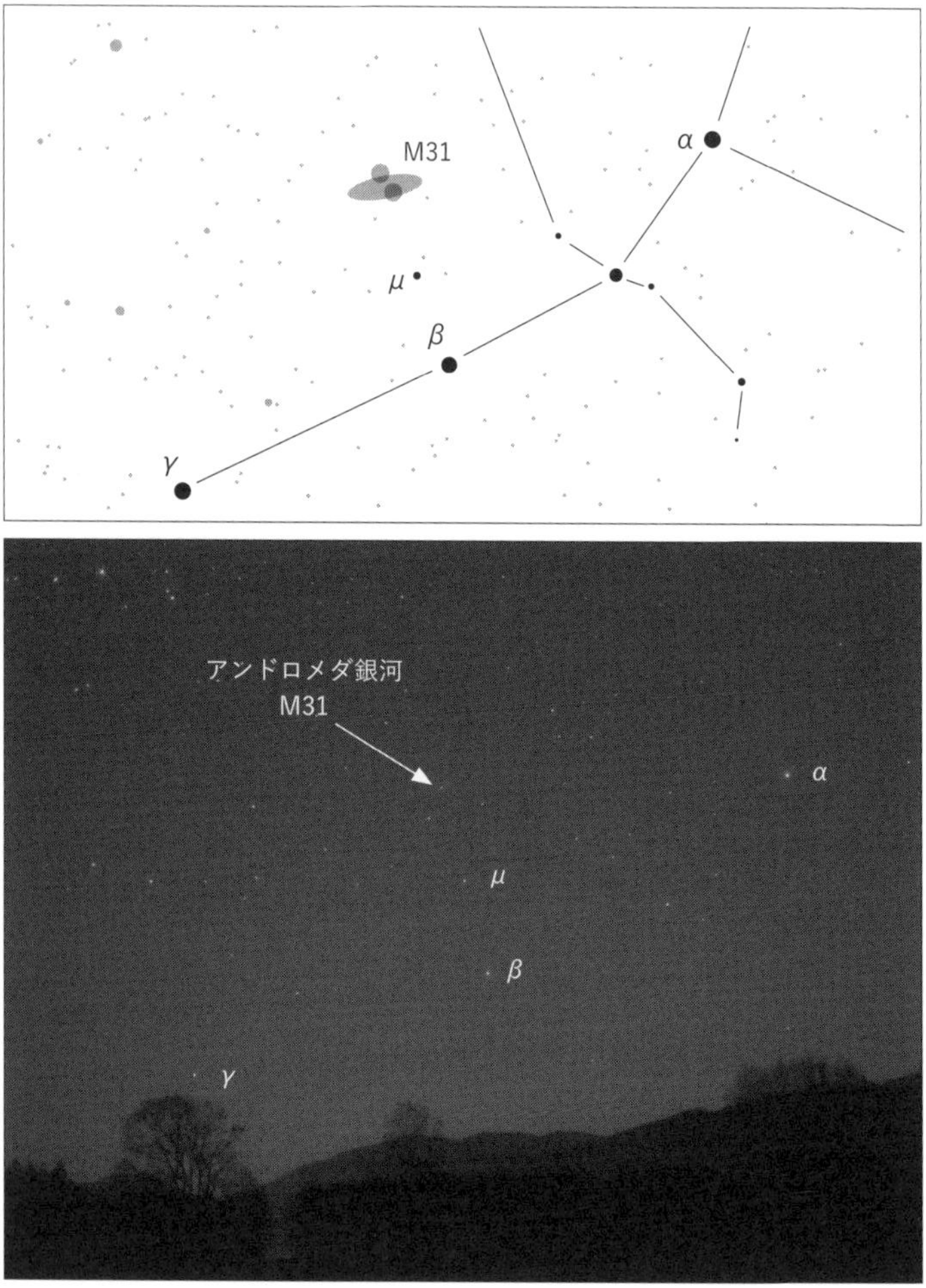

図1-8 アンドロメダ座の様子

アンドロメダ銀河（M31）が淡く見えています。
（撮影：畑英利、撮影地：長野県木曽のキビオ高原）

1-4 星空のソーシャル・ディスタンス

夏の大三角に見るソーシャル・ディスタンス

さて、賢治の『星めぐりの歌』をガイドに、少し星空散歩をしてきました。この章の最初に示した美しい天の川の姿を見ると（図1-1）、星がたくさん見えています。星だらけと言ってもよいぐらいです。実際のところ、星はどのぐらい密集して分布しているのでしょうか？　コロナ禍の時代、密集は避けるように言われています。星の世界でも、あまりに密集していると、お互いにぶつかり、大変なことが起きるように思います。そこで、星空のソーシャル・ディスタンスを調べておくことにしましょう。ジ・アルフィーの歌に『星空のディスタンス』という名曲がありましたが、今では、ディスタンスの前にはソーシャルという形容詞がつく時代になってしまいました。

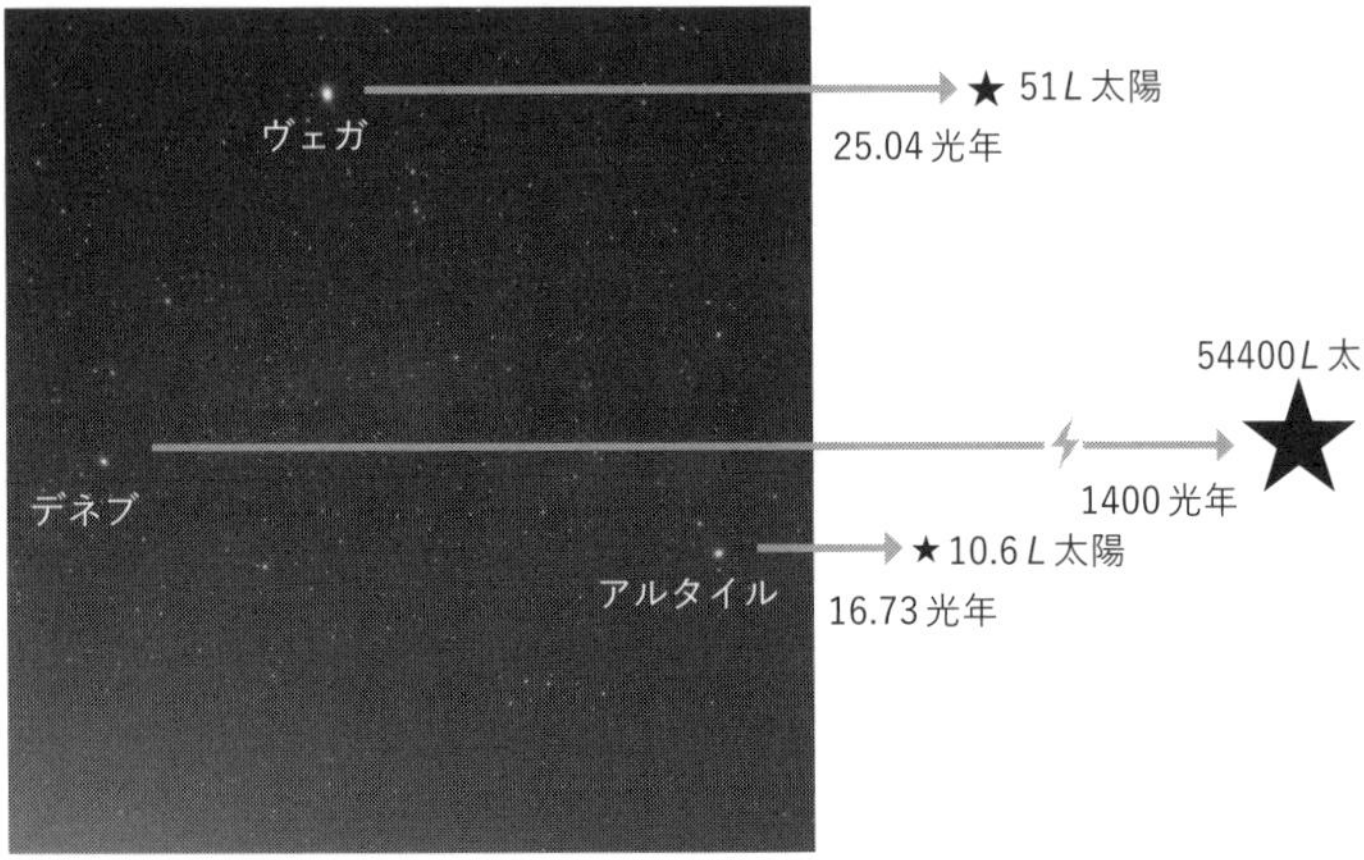

図1-9　夏の大三角を形作る3個の星の距離と光度の比較

（撮影：畑英利）

先ほど、夏の大三角を紹介しました。「はくちょう座」のデネブ、「こと座」のヴェガ、そして「わし座」のアルタイルという3個の1等星が形作る大三角形です。私たちが夜空を見るとき、天球に投影して星々を見ます。ここで、天球とは仮想的な球で、その球面に星が分布しているように見ていま す。そのため、奥行き方向の情報はないままに見ているのです。では、夏の大三角を作る3個の星の奥行き方向の情報（つまり、距離です）を見るとどうなるでしょうか？（図1-9）

ヴェガとアルタイルはおおむね20光年の距離にありますが、デネブはなんと1400光年も離れたところにあります。

ここで、光年は光が1年間に進む距離のことで、約10兆キロメートルです。デネブはずいぶん遠くにあるのですが、本来の明るさがものすごく明るいので（ヴェガとアルタイルに比べて1000倍から数千倍明るい）、遠くにあっても、1等星として見えていたのです。

ここで、星の光度の単位として、太陽の光度（$L_{太陽}$）を使っています。

$$L_{太陽} = 4 \times 10^{26} \mathrm{W}(ワット)$$

この太陽のエネルギーのおかげで、地球では1平方メートル当たり、1370Wものエネルギーを得ています。

天の川銀河の中のソーシャル・ディスタンス

夏の大三角の3個の星は見かけの方向も離れていますが、距離でも1000光年以上離れています。ソーシャル・ディスタンスが気になるのは、天の川の中で星々が密集して見えている場所です。場所ごとに密集具合は異なるので、とりあえず星と星の間の平均的な距離（ソーシャル・ディスタンス）を求めてみましょう。天の川銀河の性質は第2章で見ていきますが、基本的な量は次のようになります。

銀河円盤の半径＝r＝5万光年
銀河円盤の厚み＝d＝1000光年
星の個数＝N_*＝2000億個

銀河円盤の体積は、

$$V = \pi r^2 d$$
$$= \pi\,(5万光年)^2 \times 1000\,光年 = 8 \times 10^{12}\,光年^3$$

星の個数密度は、

$$n_* = \frac{N_*}{V}$$
$$= \frac{2000億個}{8 \times 10^{12}\,光年^3} = \frac{0.026個}{光年^3}$$

したがって、星と星との平均距離 $r_{平均}$ は、

$$r_{平均} = n_*^{-1/3}$$
$$= 3.4 光年$$

となります。星の直径は太陽の場合140万キロメートルです。つまり、星と星との平均距離は星の直径の2000万倍以上もあります。

コロナ禍の時代、人と人とのソーシャル・ディスタンスは2メートル（人の身長程度）と言われています。星々は星の大きさの2000万倍以上も離れて暮らしているのですから、まったく心配ありません。

太陽の近くは大丈夫か？

ちなみに、太陽に一番近い星は「ケンタウルス座」のα星で、距離は4・4光年です。この星は3重星で、その中のプロキシマ・ケンタウリという名前の星までの距離は4・2光年です。

次に近い星は「へびつかい座」の方向にあるバーナード星と呼ばれる星ですが、距離は6光年です。したがって、太陽の周辺でもソーシャル・ディスタンスはきちんと守られています。

たとえて言えば、太平洋の端と端にスイカが2個浮かんでいるような状況です。まず、ぶつかることはないでしょう。

星雲と銀河の違い

では、安心して銀河の世界を見ていくことにしましょう。と言いたいところですが、その前にもうひとつ知っておいたほうがよいことがあります。それは星雲と銀河の違いです。この章では星雲をひとつ紹介しました。オリオン星雲（図1-7）です。一方、銀河もひとつだけ紹介しました。アンドロメダ銀河です（図1-8）。今では、星雲と銀河は違うことは知られていますが、今から100年前には、まだその違いは正しく理解されていませんでした。両者はいずれもぼうっと見えるからです。

そこで星雲と銀河の違いについて、第2章で見ておくことにします。また、人類がどのようにして、銀河の溢れる宇宙観を持つようになったのか、説明しておくことにしましょう。銀河の世界の探訪は第３章以降にすることにします。

第2章
星雲と銀河

2-1 星雲の世界

さまざまな星雲

本書の主役は宇宙の中でも星の大集団である銀河ですが、その話をする前に星雲のことを紹介しておきましょう。

星雲は〝星の雲〟と書きますが、星ではありません。ガスやダストが集まった場所で、ぼうっと拡がって見えます（星は点光源のように見えます）。天の川の中にはさまざまな種類の星雲があり、少し厄介《やっかい》です。20世紀初頭、別な意味で厄介な星雲がありました。それは、渦巻星雲と呼ばれるものでした。現在では、天の川銀河とは別の独立した銀河であることがわかっていますが、当時は天の川の中にあるのか、外にあるのかもわかりませんでした。

20世紀初頭の知識で星雲を分類すると図2-1のようになります。

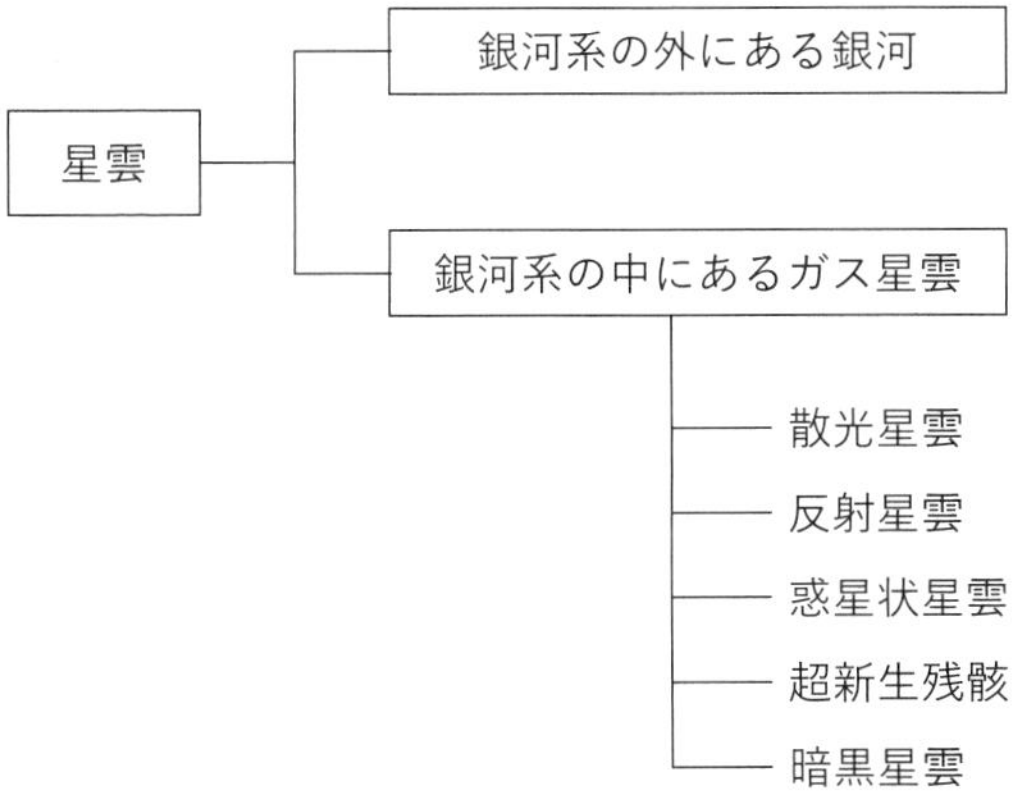

図2-1　20世紀初頭の知識に基づく星雲の分類

現在では、銀河は星雲としては取り扱われませんが、ここでは銀河も入れてあります。

銀河系の中にあるガス星雲はその性質や起源によって、図2-1の下部に示したように分類されています。例として、図2-2に散光星雲（オリオン星雲）、反射星雲（カリフォルニア星雲）、惑星状星雲（M57）、超新星残骸（かに星雲）の写真を示しました。

散光星雲は内部にある星によってガスが電離されたり励起《れいき》されたりして、自ら輝いているガス星雲のことです。一方、反射星雲は自ら輝いているわけではなく、周辺の星の光が反射されて星雲として見えています。惑星状星雲は太陽のような星が進化して、白色矮星《わいせい》というフェーズに至る途上で、電離されて輝いているガス星雲です。太陽

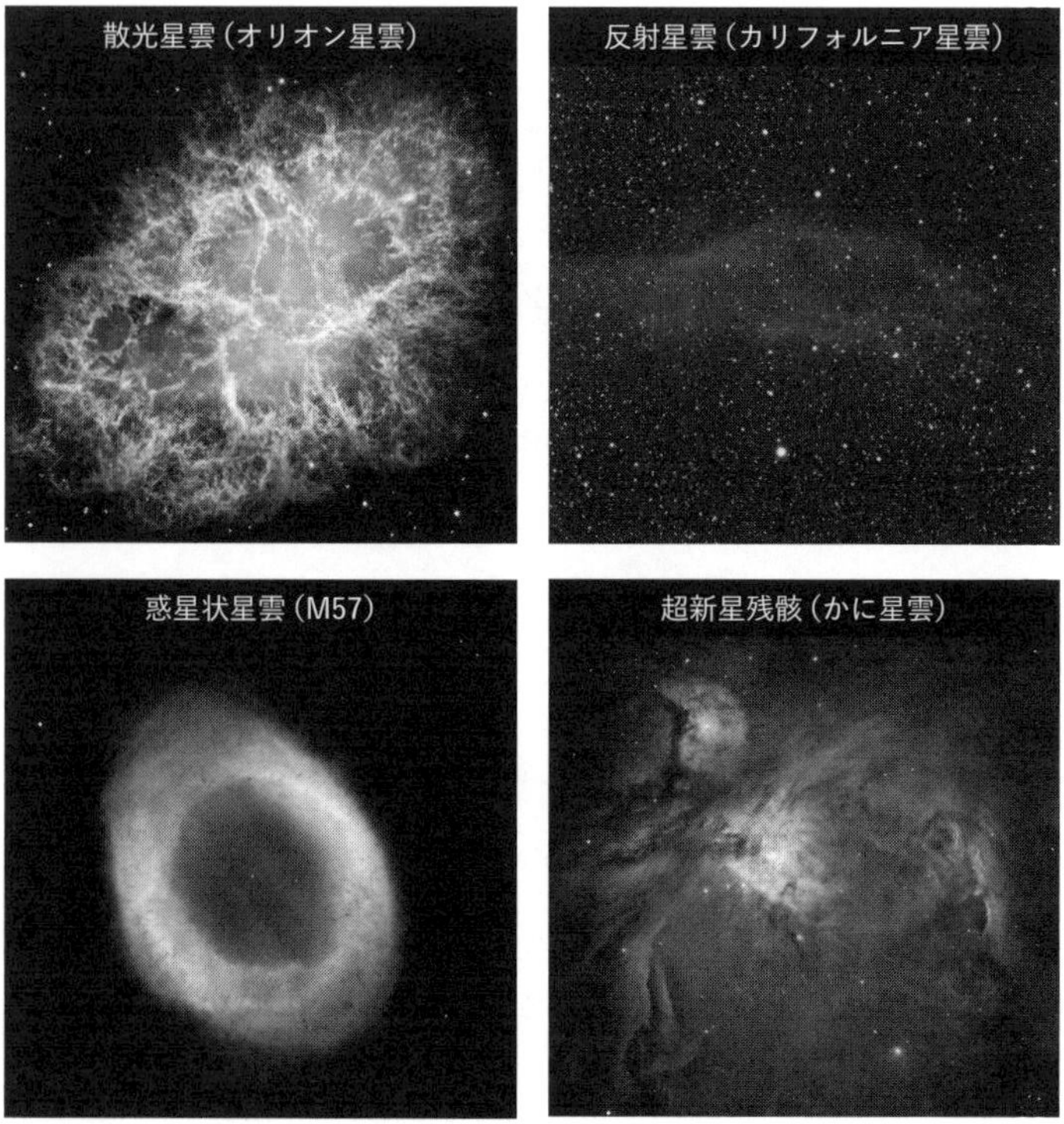

図2-2　天の川銀河で観測される星雲の例

左上：散光星雲のオリオン星雲、**右上**：反射星雲のカリフォルニア星雲、**左下**：惑星状星雲のM 57、**右下**：超新星残骸のかに星雲。なお、第１章で既にオリオン星雲については紹介してあります（図1-7）。

カリフォルニア星雲
https://commons.wikimedia.org/wiki/File:California-nebula.jpeg
それ以外はハッブル宇宙望遠鏡が撮影したもの　(NASA/ESA/STScI)
オリオン星雲
https://www.spacetelescope.org/news/heic0601/
M57
https://hubblesite.org/contents/news-releases/1999/news-1999-01.html
かに星雲
https://hubblesite.org/contents/media/images/2005/37/1823-Image.html

もあと50億年ぐらい経過すると白色矮星になりますが、その途上で太陽の周辺には美しい惑星状星雲が生まれます。

ところで、惑星状星雲の名前には惑星という言葉がついていますが、惑星とはまったく関係ありません。小型望遠鏡で惑星を眺めると点状の星とは異なり、ある明瞭な面積を持った天体として観測されます。惑星状星雲は望遠鏡で眺めると、惑星のように明瞭な面積を持った姿で観測されるので、惑星状星雲という名前が付けられたのです。命名したのはドイツの天文学者ウィリアム・ハーシェル（1738～1822）です。

一方、超新星残骸は超新星爆発で吹き飛ばされたガス星雲です。これらは質量の重い星（太陽質量の10倍以上の星）の進化の最終フェーズで観測される星雲です。強烈な爆風波が発生するため、ガスは加熱され高温になります。そのため、可視光だけでなく、X線や電波など、さまざまな波長帯で輝いています。

暗黒星雲については例を示しませんでしたが、天の川を見ると黒い帯状の構造がたくさん見えます（例えば図1-1）。それらはすべて暗黒星雲です。また、「みなみじゅうじ座」にある「石炭袋」も有名な暗黒星雲のひとつです（第4章、図4-7）。

19世紀、渦巻星雲に銀河を見た人

じつは、19世紀に渦巻星雲は星の集団だと見抜いた人がいました。その人はロス卿（第三代ロス伯爵、本名はウィリアム・パーソンズ〔1800〜1867〕：図2-3）です。彼は1840年代に口径72インチ（183㎝）の反射望遠鏡の製作に成功しました。リヴァイアサンと呼ばれるニュートン式の反射望遠鏡です。国立天文台岡山天体物理観測所で活躍してきた望遠鏡の口径は74インチ（188㎝）ですから、当時としては画期的に大きな望遠鏡でした。

図2-3　ロス卿

ロス卿はこの望遠鏡で渦巻星雲M51のスケッチを描き、公表しました（図2-4左）。この渦巻星雲にはやや小さめの星雲が寄り添っているので、「子持ち星雲」と呼ばれていました（図2-4右）（実際には2個の銀河が相互作用しているものです）。それまで渦を巻いている星雲のスケッチはありませんでした。しかも、このスケッチはクェスチョン・マー

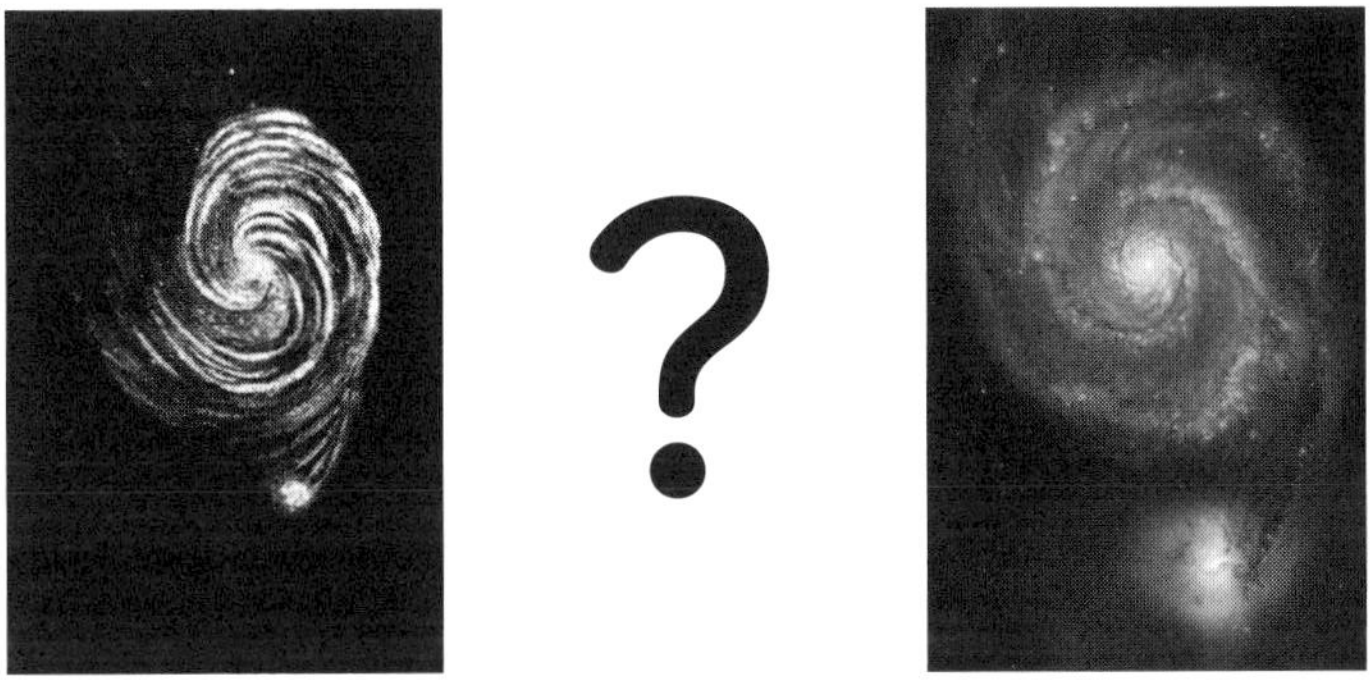

図2-4　(左)ロス卿による「子持ち星雲」のスケッチ、(中央)クェスチョン・マーク、(右)M51の写真。

ロス卿のスケッチ
https://en.wikipedia.org/wiki/William_Parsons,_3rd_Earl_of_Rosse#/media/File:M51Sketch.jpg
ハッブル宇宙望遠鏡による子持ち星雲の写真
https://www.spacetelescope.org/images/heic0506a/

ク（？）に似ているため、ヨーロッパ中の話題を集めました。

そして、ロス卿は語りました。「この星雲は星の集団のように見える」星の集団なら星雲ではありません。銀河です。当時、世界一の望遠鏡を製作して自分の目で見た星雲の姿に、ロス卿は銀河を見ていたのです。今から１８０年も前のことでした。

2-2 「大論争」

渦巻星雲はどこにある？

さて、では星雲から銀河の世界に入っていきましょう。

20世紀を迎えた頃、天文学ではひとつの大きな問題が持ち上がっていました。その問題は渦巻星雲にまつわるものでした。星雲と言えば「オリオン座」の方向に見えるオリオン星雲が思い浮かびます（第1章図1-7と図2-2左上）。オリオン星雲は天の川銀河の中にある星雲です（距離は約1300光年）。では、すべての星雲は天の川銀河の中にあるのか？こういう問題です。

その問題に火をつけたのは渦巻星雲です。二つの不思議な観測事実が見つかってきたのです。

・運動速度が秒速1000キロメートルを超えるものがある
（天の川銀河の中にある星々や星雲の運動速度は速くても秒速数十キロメートル程度）
・回転していて、その速度は秒速200キロメートルにもなるものがある
（普通は回転しておらず、ランダムな運動速度も秒速数キロメートル程度）

渦巻星雲はなぜこのような不思議な性質を持つのか？　ひょっとしたら、天の川銀河の外にあるのではないか？　こういう疑問がじわりと出てきたのです。

1920年の「大論争」

渦巻星雲はどこにあるのか？　こういう疑問が出てくると、普通は二つの対立するアイデアが出されます。予想通り、次のアイデアが出ました。

［A］渦巻星雲は天の川銀河の中にある
［B］渦巻星雲は天の川銀河の外にある

なかなか決着がつかないので、一度、きちんと議論しようということになりました。そこで、米国国立科学院の年会での議論が設定されました。1920年4月26日。場所はワシントンD.C.にある国立科学院の講堂でした。

［A］説の代表者はハーロー・シャプレー（1885〜1972：図2-5）。ハーバード大学天文台の台長を長く務めた人ですが、当時はプリンストン大学で研究していました。シャプレーが天文学者になったのは偶然の産物です。ミズーリ大学に入学してから学科案内を見てみると、アルファベット順に学科が並んでいました。最初に出て来た学科はArcheology。アーケオロジーですが、これは考古学のことです。シャプレーはなんとこの学科名を読むことができなかったのです。次に出てきたのがAstronomyです。アストロノミー。これはわかりました。天文学です。「よし、これだ！」ということで、天文学を学び始めたのです。古き良き時代だったのでしょうか。こうして、シャプレーは天の川の研究を始めました。太陽系はしばらくの間、天の川銀河の中心にあると考えられていました。しかし、シャプレーは天の川のハロー領域にある球状星団（図2-7）の分布に大き

図2-5
ハーロー・シャプレー

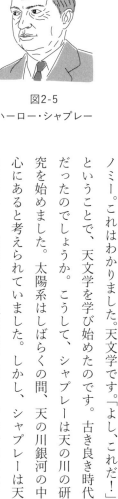

な偏りがあることに気づき、太陽系は天の川の中心にないことを示したのです。１９１８年のことでした。

［Ｂ］説の代表者はヒーバー・カーチス（１８７２〜１９４２：図2-6）。リック天文台やミシガン大学天文台で研究した人ですが、当時はピッツバーグ大学のアレゲニー天文台で研究をしていました。２０１９年、おとめ座銀河団の中にある楕円銀河Ｍ87の中心にある超大質量ブラックホールが背景の光の中にシルエットとして見えて、脚光を浴びました（ブラックホール・シャドウ）。この銀河の中心からはジェットが出ていますが、これを発見したのはカーチスです。これも１９１８年のことでした。

図2-6
ヒーバー・カーチス

経歴は違いますが、シャプレーとカーチスは当時の米国天文学会で大活躍していた天文学者だったのです。

では、［Ａ］説と［Ｂ］説を紹介しましょう（図2-7）。この図を見るとわかりますが、［Ａ］説の意味するところは「宇宙＝天の川」です。そのため、どの星雲も天の川の一員として、太陽系の近くに存在していると考えます。一方、［Ｂ］説では、宇宙には天の川

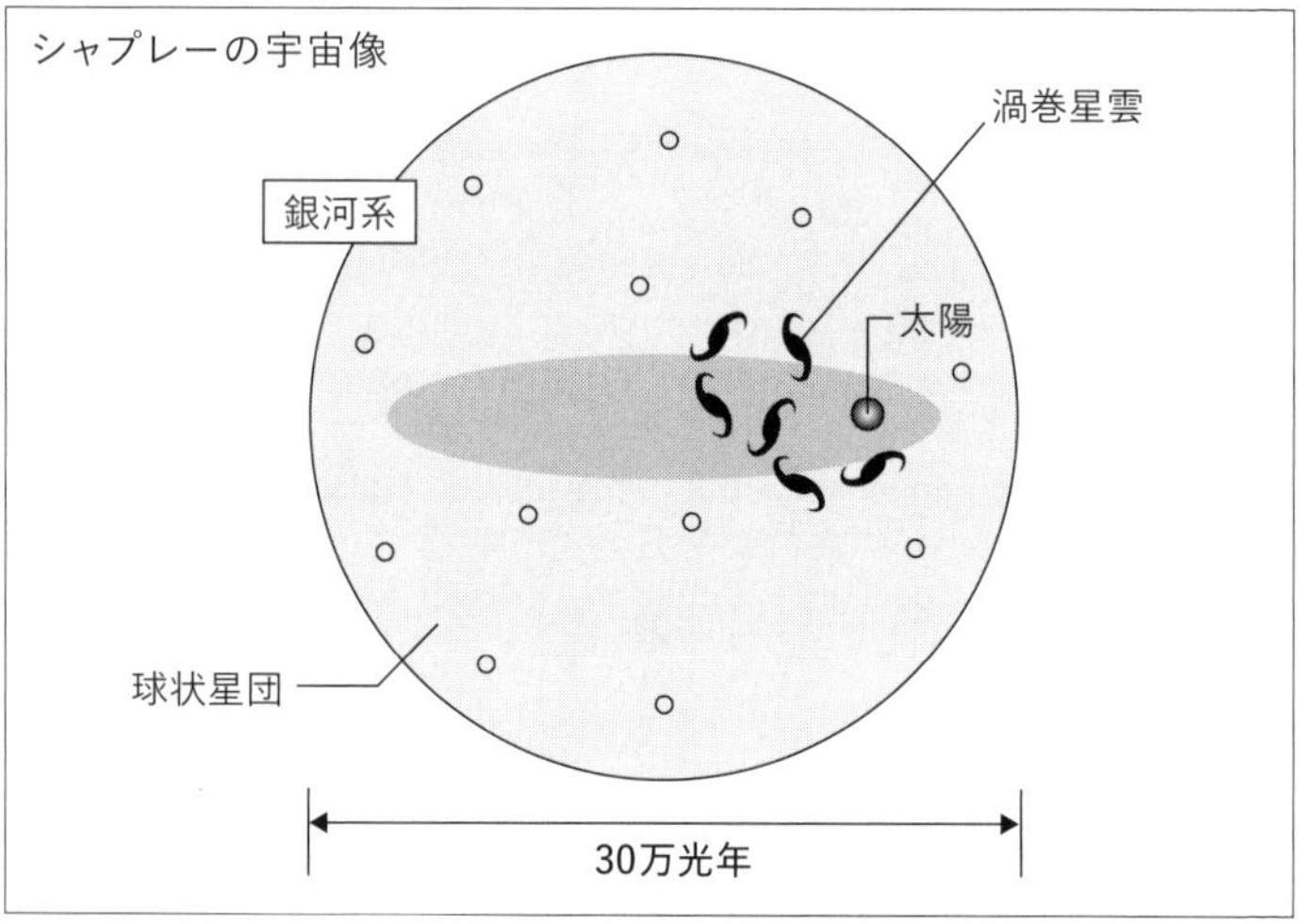

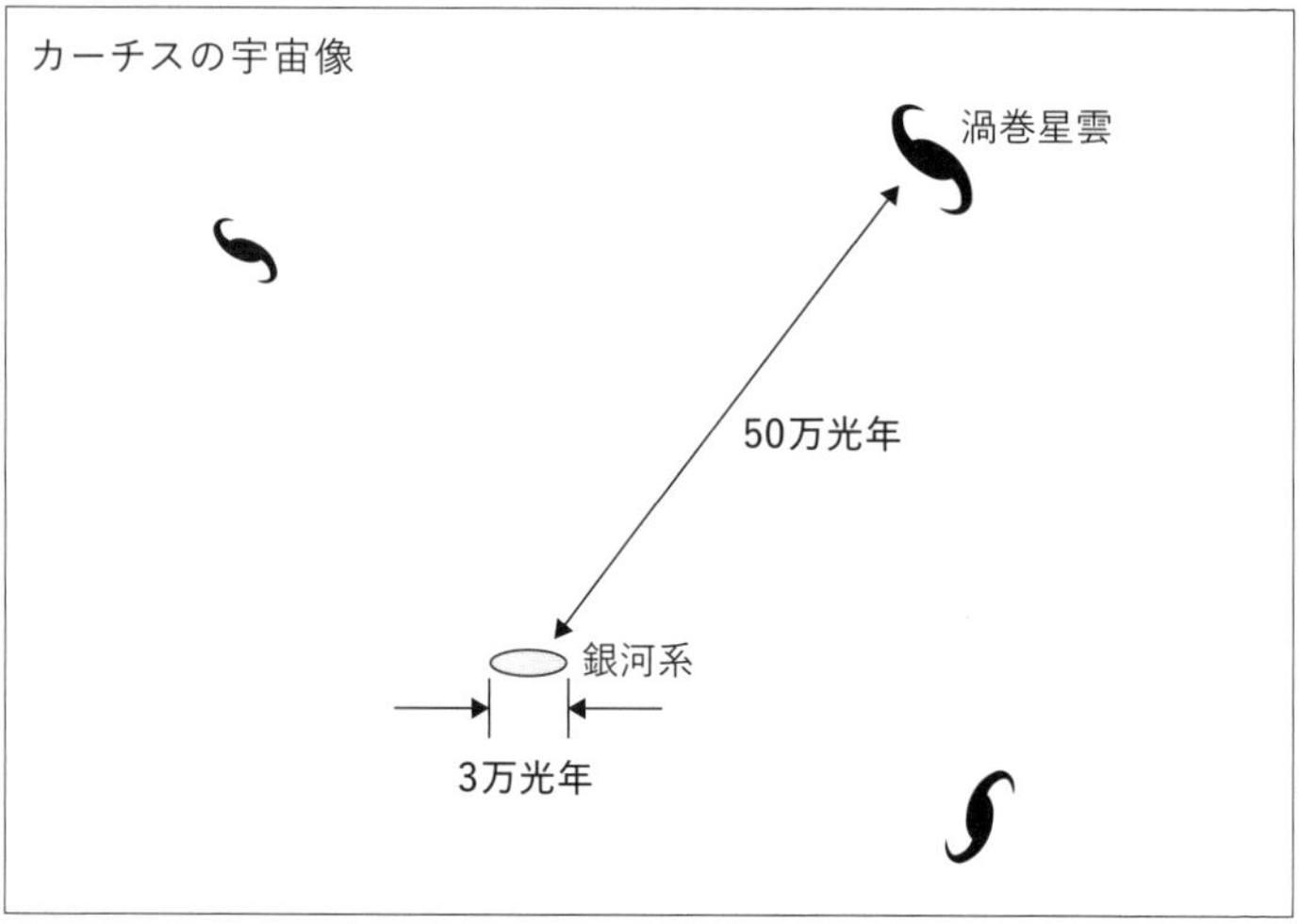

図2-7　「大論争」で議論された二つの宇宙像

上：[A] 説：シャプレーの宇宙像、**下：**[B] 説：カーチスの宇宙像。
出典：『宇宙観5000年史　人類は宇宙をどうみてきたか』中村士・岡村定矩著、東京大学出版会、2011年、170頁、図11.6。距離をkpcから光年に変更してあります。

以外の星の大集団（銀河）が独立して存在すると考えます。19世紀までの宇宙観は「宇宙＝天の川」だったので、当時の常識としては［A］説でした。もし、［B］説が正しいのなら、私たち人類の宇宙観はガラッと変わっていくことを意味していたのです。

空回りした「大論争」

それだけに、「大論争」の持つ意味は大きなものでした。ところが、残念ながら決着はつきませんでした。

当時はまだ観測技術が発展していませんでした。そのため、決着をつけるだけの観測データがなかったのです。科学的な研究では、誰もが納得できるだけの、観測的な証拠を提示することが最重要です。人類は、まだそれを手にしていなかったのです。

では、どうしたら良いのか？　図2-7を見て気がつくことがあります。二つの説を比較すると、以下のことが証明されなければなりません。

［A］説：渦巻星雲は天の川の中にあり、太陽系に近いところにある
［B］説：渦巻星雲は天の川の外にあり、太陽系から遠いところにある

つまり、決着をつけたければ、渦巻星雲までの距離を測定してあげればよいのです。ただ、それだけのことです。ところが、当時は渦巻星雲までの距離を測定する方法がなかったのです。

そして、銀河の溢れる宇宙へ

渦巻星雲の距離を決めるには、何か距離の指標になるものが必要です。ハッブルが天文学の研究を始めた頃、じつはその指標が見つかったのです。それはセファイド型変光星です。この変光星は変光の原因は、星の「脈動」です。つまり、星の半径が大きくなったり小さくなったりすることで変光するのです。変光は周期的で、数時間から約100日程度の周期で、規則的に明るさが変化します。ここで、大切なことは明るいセファイド型変光星のほうが、変光の周期が長いということです。そのため、周期を測定すれば、そ

図2-8
ヘンリエッタ・リービット

の星の絶対的な明るさがわかります。それを見かけの明るさと比べると、その星までの距離が測定できるのです。

この発見をしたのは米国のヘンリエッタ・リービット（１８６８〜１９２１、図2-8）です。彼女は天文学者ではなく、実験助手のような立場で、天文台で撮影された写真の整理に従事していました。彼女は南半球の天文台で撮影された小マゼラン雲の写真を使って、写っている星の明るさを測定していました。この作業で彼女は２０００個以上の変光星を発見しました。そして、周期的に明るさを変えるセファイド型変光星を見つけたのです。

小マゼラン雲（図2-9）は天の川銀河の近くにある銀河の一つで、距離は19万光年です。当時はもちろん正確な距離はわかっていませんでした。大切なことは、リービットが見つけた変光星はすべて小マゼラン雲にあるので、距離は同じです。つまり、変光星の見かけの明るさは、絶対的な明るさの指標になります。そして、リービットは気づいたのです。明るいセファイド型変光星ほど変光の周期が長いことに。

この発見は１９１２年に論文として報告されました。その論文を見て興奮したのは、

図2-9　小マゼラン雲

右やや上に見える星団は天の川銀河に属する球状星団で「きょしちょう座」47番という名前があります（距離は1万3400光年）。
ESO/VISTA VMC - https://www.eso.org/public/images/eso1714a/

米国の天文学者エドウィン・ハッブル（１８８９〜１９５３、図2-10左）です。ハッブルは気づいたのです。この方法を使えば、渦巻星雲までの距離を測定できる。そのためには、渦巻星雲の中にセファイド型変光星を見つけなければなりません。ハッブルはそれをやってのけたのです。

ハッブルも幸運でした。彼は１９１９年にカーネギー研究所（米国カリフォルニア州パサデナ）に職を得ましたが、ちょうどその年に口径２・５メートルのフッカー望遠鏡が完成しました（図2-10右）。当時、世界最大の望遠鏡です。ハッブルはターゲットとしてアンドロメダ星雲に目を付けました。夜空で、最も大きく見える渦巻星雲だからです。

ハッブルはフッカー望遠鏡を使って、まずアンドロメダ星雲の中にあるセファイド型変光星を探し出しました。そして、モニター観測を続け、変光の周期を求めました。変光周期から星の絶対的な明るさがわかるので、見かけの明るさと比較して、アンドロメダ星雲の距離が推定できます。ついにハッブルは答えを見つけました。彼の得た距離は１００万光年。現在では２５０万光年と推定されていますが、１００万光年という数字を得たのは大偉業でした。なぜなら、天の川の大きさは10万光年です。つまり、アンドロメダ星雲は天の川の中にあるのではありません。天の川と同じような星の大集団、すなわち

図2-10　エドウィン・ハッブルとウィルソン山天文台のフッカー望遠鏡

フッカー望遠鏡の写真
https://en.wikipedia.org/wiki/Edwin_Hubble#/media/File:100inchHooker.jpg

独立した銀河だったのです。

こうして、「大論争」に決着がつきました。［B］説。カーチスのアイデアのほうが正しかったのです。カーチスの推定した天の川の大きさや、渦巻星雲までの距離は正しいものではありませんでしたが、描像としてカーチスの提案で正しかったということです。

その後、ハッブルは銀河の系統的な研究に着手し、銀河のハッブル分類（第5章、図5-1）を作り上げたのです。1926年のことでした。そして、この分類体系は現在でも使われ続けています。

第3章
どっしりと構える銀河

3-1 銀河は大きい

天の川銀河の全貌

まず、銀河はとても大きいということを知っておきましょう。図1-1で見た天の川は、天の川銀河の一部です。ここで、その全貌を見ておきます（図3-1）。

図3-1にはたくさん星が写っています。その個数は十億個を超えています。しかし、天の川銀河にある星の個数は約2000億個なので、ごく一部が見えているだけです。

では、なぜ一部しか見えていないのか？　そういう疑問が湧いてきます。理由は二つあります。

ひとつは、「遠くにある星は暗いので見えていない」ということです。どんな望遠鏡を使っ

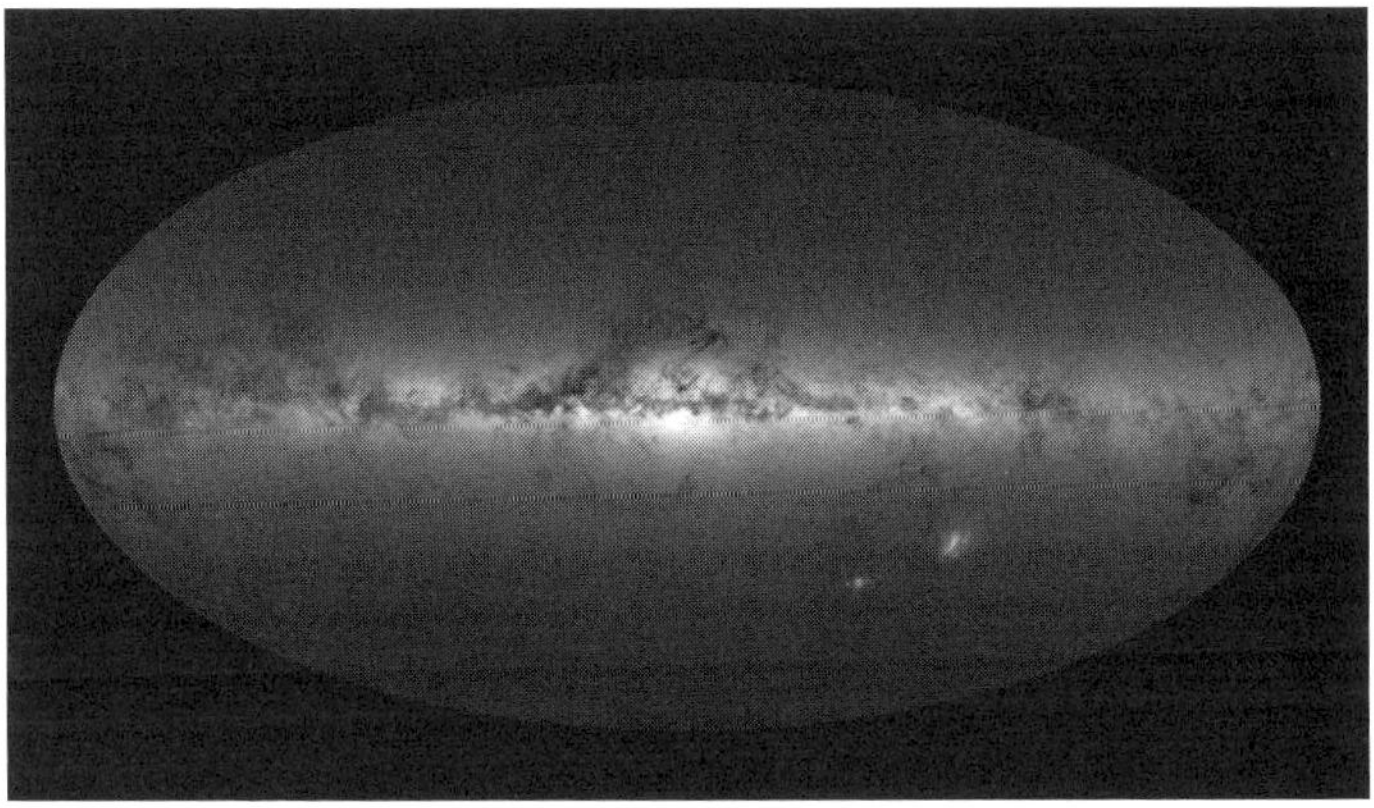

図3-1　天の川銀河の全貌

右下に見えている小さな光芒は大マゼラン雲(右)と小マゼラン雲(左)。天の川銀河と比べると二つとも小さな銀河です。
GAIA衛星による全天写真:(ESA/GAIA/DPAC)
http://sci.esa.int/gaia/60169-gaia-s-sky-in-colour/

ても、見える限界はあります。そして、もうひとつは「隠されている星が多い」ということです。

図3-1の写真を見ると、黒い帯のような構造がたくさんあることに気がつきます。黒い帯は第1章の図1-1でも見えていました。これらの黒い帯は「暗黒星雲」と呼ばれるガス状の雲です。この雲にはガスだけでなく(主な成分は水素分子です)、ダスト(塵粒子)も含まれています。岩石を細かく砕いたようなもの(非常に小さな砂粒)だと思ってください。ダストがあると、光は散乱されたり、吸収されたりします。したがって、ガス雲の向こう側にある星々は隠されて見えにくくなっているのです。

10万光年の世界

では、天の川銀河の大きさはどのぐらいあるのでしょうか？　星々はおおむね円盤状に分布していますが、その円盤の直径は10万光年もあります。ここで、1光年は光が1年間に進むことができる距離のことで、約10兆キロメートルです。つまり、天の川銀河の円盤の直径は、約10兆キロメートルの10万倍もあるのです（図3-2）。つまり、10^{18}キロメートルです。

このように大きな数が出てくると、あまりピンときません。日常生活で使う大きな数は、「万」くらいです。「万」は1の位より4桁大きな数を表します。その次は、4桁ずつ増えていくごとに、「億」、そして「兆」となります。このあたりまでは、耳にするとしても、もっと大きな数になるとよくわからなくなります。

「兆」より四桁大きな数（10^{16}）の単位は「京《けい》」です。したがって、この単位を使うと、10^{18}キロメートルは100京キロメートルになります。

スマートフォンの通信容量などで、よくギガバイトという単位が使われます。ギガは

10億を意味する単位です。ギガなどはSI単位接頭語と呼ばれるものですが、3桁ずつ名前がつけられています。ギガの千倍はテラ、テラの千倍はペタ、そしてペタの千倍はエクサです。このエクサがちょうど10^{18}に相当するので、天の川銀河の大きさは1エクサキロメートルになります。とはいえ、どの単位を使っても、あまり聞いたことのない大きな数字であることがわかります。

さて、仮に、光の速度で飛ぶことができるロケットがあったとしましょう。このロケットに乗っても、天の川銀河の円盤を横切るのに10万年もかかってしまいます。

新幹線は使わないほうがよい

私は仙台に住んでいるので、よく東北新幹線を利用して東京に行きます。わずか1時間半なので快適な旅です。何しろ、「はやぶさ」は時速320キロメートルで走るのです。

しかし、銀河を旅する場合は、問題があります。東北新幹線を利用すると、銀河の端から端までいくのに、なんと3000兆年もかかってしまいます。人間の寿命は100年足らずですから、新幹線を使った銀河旅行は不可能です。そもそも天の川にはレールもあ

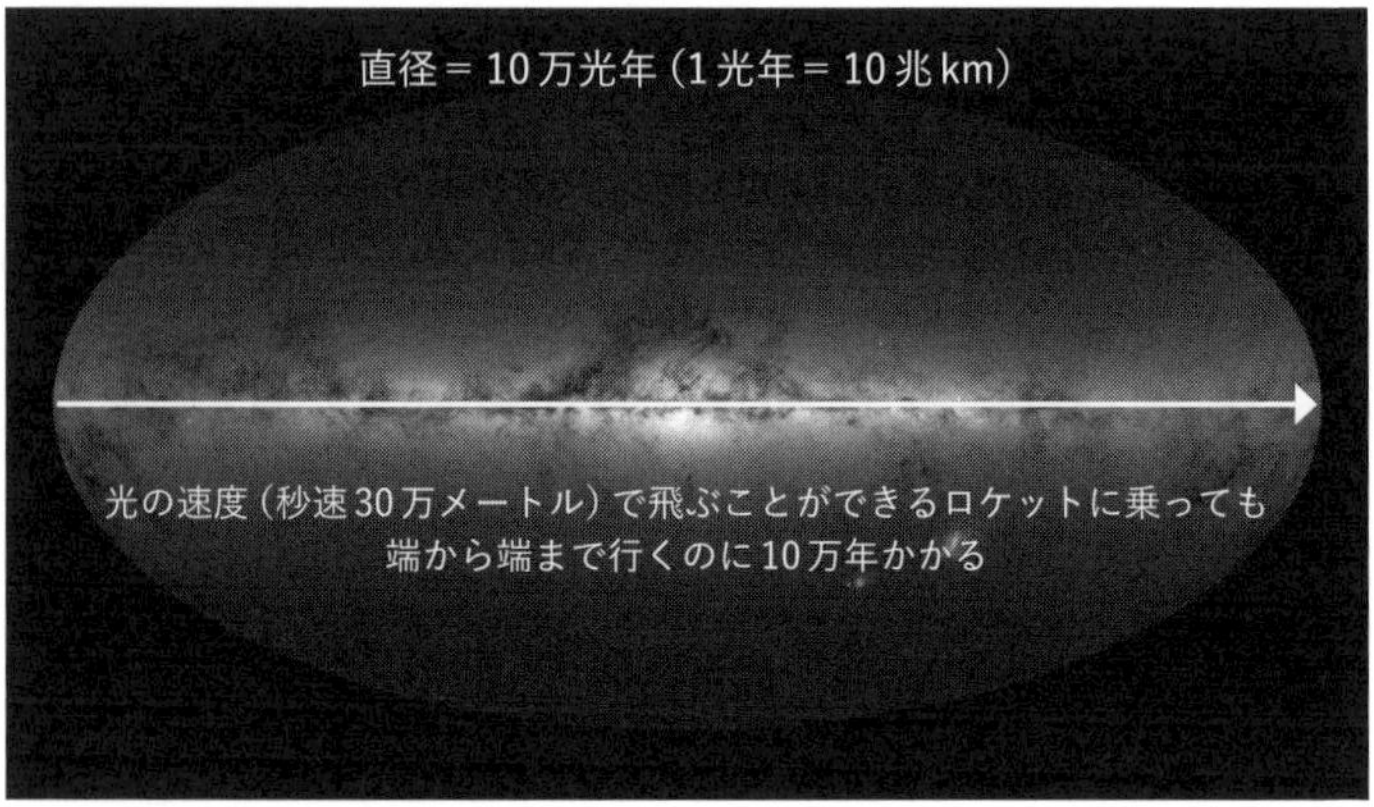
直径＝10万光年（1光年＝10兆km）
光の速度（秒速30万メートル）で飛ぶことができるロケットに乗っても
端から端まで行くのに10万年かかる

図3-2　天の川銀河の大きさ

東北新幹線（時速320キロメートル）で出かけると端から端まで行くのに3000兆年かかります。
GAIA衛星による全天写真：（ESA/GAIA/DPAC）
http://sci.esa.int/gaia/60169-gaia-s-sky-in-colour/

りません。いずれにしても、銀河旅行に新幹線は不向きです。

ここで、皆さんはまた宮沢賢治のことを思い浮かべるかもしれません。賢治の童話に名作の誉高い『銀河鉄道の夜』があります。主人公のジョバンニたちは楽しく銀河の中を旅行しました。そのとき、乗ったのが銀河鉄道です。しかも、この鉄道のモデルは岩手軽便鉄道と考えられています。新幹線に比べれば、とても非力な列車です。それでも、銀河の中を旅行できたのは不思議です。この秘密は3-4節で説明することにしましょう。

3-2 銀河は重い

キログラムは使わない

さて、今度は質量です。天の川銀河の大きさは想像を絶するほどです。したがって、予想通り、非常に重たいです。

銀河の質量は重いので、グラムやキログラムという単位は使いません。基本は、太陽の質量になります。

太陽の質量 = 2×10^{30} kg

太陽もかなり重いことがわかります（ここで、「重い」は「質量が大きい」ことを意味します）。

ちなみに、

地球の質量＝ 6×10^{24} kg

地球もかなり重いのですが、太陽に比べると、30万分の1でしかありません。

太陽の質量を単位として使う

太陽と地球の質量もかなりのものであることがわかります。単位としてキログラムを使うと、10^{30}とか10^{24}という大きな桁の数字が出てきます。さらに問題なのは、天の川銀河の中には太陽のような星が、ざっと2000億個もあるのです。そこで、天の川銀河のような銀河の質量を表すときには、太陽の質量を単位として使います。

これに従うと、天の川銀河の質量は、次のようになります。

天の川銀河の質量＝太陽質量の2000億倍

もし、地球の質量を単位として使うと、今度は次のようになります。

天の川銀河の質量＝地球質量の7×10^{16}倍
＝地球質量の7京倍

銀河の中にあるのは星だけではない

天の川銀河の質量は太陽質量の２０００億倍ですが、これは星だけの質量です。天の川銀河には星以外にも、ガスやダスト（塵粒子）もあります。

ガスの質量は星の総質量の約10％もあります。そして、このガスの質量のうち、約１％はダストが担《にな》っています。

星がメインであることは確かですが、ガスやダストの役割は重要です。そもそも、太陽のような星はガス雲の中で生まれます。ガスがなければ星は生まれなかったということです。

ダストの銀河質量に占める割合はたった0・1％ですが、「山椒は小粒でピリリと辛い」

と言われるように、ダストはそれなりに重要な役割を果たしています。例えば、私たちの住んでいる地球のことを考えてみてください。地球は岩石惑星と呼ばれています。つまり、地球の元はダストなのです。太陽が生まれるとき、太陽の周辺にガスやダストでできた円盤ができています。この円盤の中で、ダストがどんどんぶつかりながら成長して、その結果、地球のような岩石惑星が誕生したのです。太陽系では、地球のほかに、水星、金星、そして火星が岩石惑星です。

天の川銀河の質量

天の川銀河の質量について、表3-1にまとめましたので、ご覧ください。ただし、少し注意が必要です。ここにまとめた、星、ガス、ダストの質量、およびその割合は現在の値《あたい》であるということです。銀河が生まれたときは、ほとんどがガスでした。ガスの中から星が生まれ、だんだん星の占める割合が増えてきたのです。ダストは銀河が生まれたときは存在しませんでした。星の中で炭素や鉄などの元素が造られ、星が死ぬとき（超新星爆発と呼ばれる爆発が起こります）、それらの元素が銀河の中に撒《ま》き散らされます。さまざまな

表3-1　天の川銀河の質量のまとめ

構成要素	質量（単位 = 太陽の質量 $M_{太陽}$ *a）
星	2000億
ガス *b	200億
ダスト*c	2億

*a：M太陽 = 2 × 10^{30} kg
*b：ガスの質量 = 0.1 × 星の質量
*c：ダストの質量 = 0.01 × ガスの質量 = 0.001 × 星の質量

元素が寄り集まってダストが形成されていくのです。ダストの粒子はどんどん集まって、大きくなっていきます。そして、そのうち、地球などの惑星を作るもとになる「微惑星」と呼ばれるものに成長していきます。これらがさらに合体して大きくなり、惑星が誕生していくのです。

銀河のいろいろな場所でこういう現象が起きます。星々が生まれ、それらの周りには惑星が生まれる。銀河にはこういう長い歴史があるのです。

3-3 銀河の性質から学ぶこと

太陽系はどこにあるのか

天の川銀河の姿（図3-1）を見ると、おわかりのように、私たちは円盤をほぼ真横から見ています。これは地球のある太陽系が円盤の中にあるためです。太陽系がどのあたりに位置しているのか、模式的に示したものが図3-3です。太陽系は結構田舎にいることがわかります。

天の川銀河の形

円盤から離れて、上のほうから眺めることができれば、天の川銀河がどんな姿をしてい

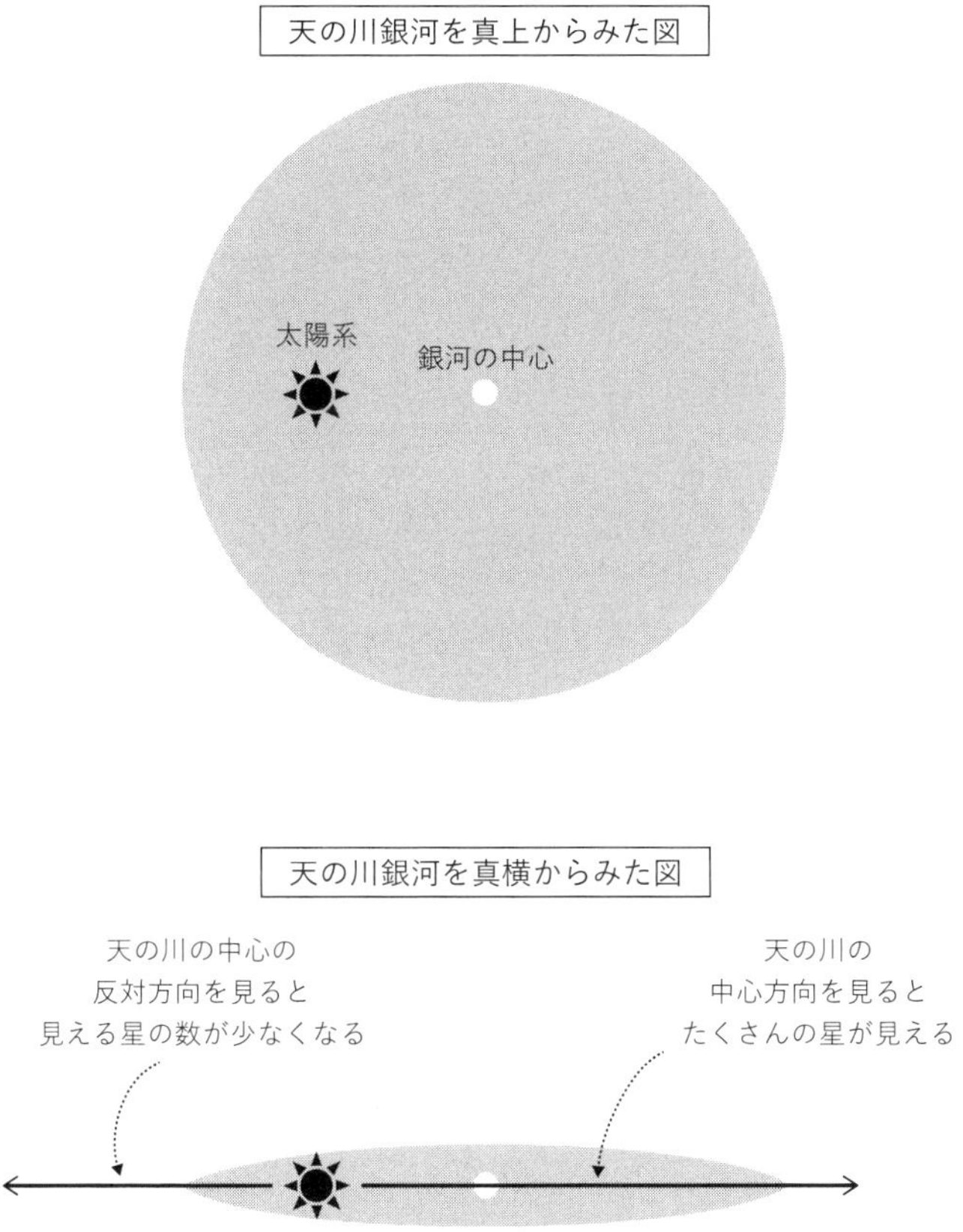
天の川銀河を真上からみた図
太陽系
銀河の中心
天の川銀河を真横からみた図
天の川の中心の
反対方向を見ると
見える星の数が少なくなる
天の川の
中心方向を見ると
たくさんの星が見える

図3-3　天の川銀河の中における太陽系の位置

太陽系から銀河を眺めるとどのように星々が見えるかを模式的に示した図です。下図の右方向が銀河系の中心方向で、夏の明るい天の川が見えます。逆に左の方向は星の個数密度が減り、暗い冬の天の川が見えることになります。
図の出典：『天文学者が解説する宮沢賢治『銀河鉄道の夜』と宇宙の旅』谷口義明、光文社新書、2020年（図2-3、95頁）

るかわかりますが、私たちは銀河旅行ができないので、それは原理的に不可能です。しかし、推察することはできます。それは、天の川銀河の中を漂っているガスの輝線放射を利用することによって可能になります。

宇宙に最もたくさんある元素は水素です。約90％は水素です。したがって、天の川銀河の中にある豊富なガスは水素原子ガスです。水素原子は波長21㎝のスペクトル線（輝線）を放射します。この波長帯の放射は電波として観測されます。水素原子ガスを含むガス雲は天の川銀河の中を回転運動しているので、地球から観測すると、ガス雲との相対速度が生じています。そのため、ガス雲の分布と速度がわかるので、それを頼りに天の川銀河の構造を調べることができるのです。この波長帯だとダストによる吸収の影響もほとんどないので、天の川銀河全体の様子を調べられます。そして、ガス雲の分布と速度を再現するモデルを探し出せば、形が見えてくるのです。

こうして得られた天の川銀河の姿が図3-4です。中央部にやや伸びた構造が見えますが、これは棒状構造と呼ばれるものです（第5章参照）。そして、円盤にはいくつかの渦巻構造が見えています。つまり、私たちの住んでいる銀河は、美しい棒渦巻銀河であることがわかるのです。

図3-4　天の川銀河を上から眺めた図

下のほうにある二重丸は太陽系の位置です。（提供：馬場淳一［国立天文台］）

中央に明るい部分が見えますが、ここに銀河の中心核があります。その正体は超大質量ブラックホールと呼ばれるもので、太陽の質量の約400万倍もの質量を持っています。私たちの住む太陽系は、この中心核から2万6000光年も離れたところに位置しています。もし、太陽系が銀河系の中心部に位置していれば、天の川はぐるっと一周して見回しても、同じような明るさで見えるはずです。しかし、中心から離れた位置にあるため、中心方向を眺めると天の川が明るく見えているのです（図3-3の説明を参照）。

さて、こうして天の川の様子を見てきましたが、結局、銀河は大きくて、重いということです。宇宙で生きていくには、まずは、どっしりと構えることが大切だということです。

これは背が高いとか、太っているとかではありません。あえて言えば、広い心でゆったりと構えることが大切だということです。かっこよく言えば、風格を感じさせることでしょうか。

銀河を真似ることは不可能ですが、せめてその精神だけは真似てみたいものです。

3-4 銀河鉄道に乗ったら銀河旅行はできるのか？

『銀河鉄道の夜』

宮沢賢治の童話に『銀河鉄道の夜』があります。拙著『天文学者が解説する宮沢賢治『銀河鉄道の夜』と宇宙の旅』（光文社新書、２０２０年）では、この童話を現代の天文学の知識を使って解読してみました。賢治がこの童話を書き始めたのは１９２４年と言われているので、ざっと１００年も前に紡がれたものです。ところが、現代の天文学で説明できることが、たくさん出てきて驚きました。「賢治には未来が見えていたのだろうか？」ふと、そんな気になったぐらいです。

では、『銀河鉄道の夜』はどんな物語なのでしょうか。ざっと、あらすじを見ておくことにしましょう。

主人公はジョバンニという名前の少年です。お母さんは病気で寝込んでいて、お父さんは北洋に漁に出かけたまま帰ってきていません。お姉さんはいますが、別なところに住んでいます。家庭環境には厳しいものがあったようです。ジョバンニは家計を助けるために、活版所でアルバイトに精を出さなければいけません。そのため、疲労がたまり、学校で授業を受けていても、あまり気力が出ない状況でした。

学校では親友のカムパネルラだけが味方で、ザネリをはじめとして、級友たちはジョバンニをからかうだけでした。そんな中、ジョバンニはある日の夕方、ケンタウル祭に出かけました。すると、またザネリら級友たちにからかわれ、いたたまれず山に向かうことにしました。

そこで、一息ついていたところ、突然、「銀河ステーション」という声がしました。この瞬間、ジョバンニは俗世である地上から、天上の世界へ瞬間的に移動したのです。そして、銀河鉄道は颯爽《さっそう》と走り出します。気がつけば、なんと親友のカムパネルラが乗り合わせていました。一方、いじめっ子のザネリやほかの級友たちは乗り遅れたというのです。

その後は天の川の景色を眺めながら旅を続けます。天の川でなぜか発掘作業をしている大学士たちに出会い、さらには鳥捕りという不思議な人物にも出会います。鳥捕りはなんだか時空の旅人のような人で、旅の途中で消えていきます。また、タイタニック号の沈没で亡くなったと思われる人たちと乗り合わせたりもします。彼らは天上へ行くために乗車していた人たちですが、南十字の停車場で銀河鉄道を後にしていきます。

そして、夢から覚めたジョバンニが地上に戻ったところ、悲報が待ち受けていました。なんと、カムパネルラが川で溺れて死んだのです。それは溺れたザネリを助けるためでした。

銀河鉄道に乗って、銀河を旅する物語であれば、楽しい物語です。しかし、どうもそういう物語ではありません。果たして、少年少女のために書かれた童話なのかもわからない。そういう雰囲気の物語になっているのです。

銀河鉄道の旅路

さて、ここで『銀河鉄道の夜』の話をしたのは他でもありません。銀河鉄道はなぜ一晩のうちに、銀河を走り抜けることができたのか、気になるからです。

銀河鉄道は天の川の中をひた走ります。経路は、「はくちょう座」の北十字から、「みなみじゅうじ座」の南十字までです（図3-5）。北天と南天に見える十字を結ぶ旅になっているのです。

図3-5にあるように、銀河鉄道は「はくちょう座」から「みなみじゅうじ座」まで走ります。ほぼ、天の川に沿って走り抜ける旅です。『銀河鉄道の夜』を読むと、いくつかの駅での到着時刻が書いてあります。それに基づいて、時刻表を作成してみてみましょう（表3-2）。

銀河ステーションをいつ出発したのかわからないので、なんとも言えないのですが、白鳥の停車場を23時に出て、南十字ステーションに3時に到着したので、4時間の乗車と考えてよいでしょう。つまり、一晩の夜行列車です。この解釈が正しければ、わずか4時間で「はくちょう座」から「みなみじゅうじ座」まで走り抜けているのです。図3-5を見た感じでは、ざっと数万光年の旅でしょうか。光の速度で走っても、数万年かかる距離です。わずか一晩で、これだけの距離を走る銀河鉄道とは、いったいどんな列車なのでしょうか。

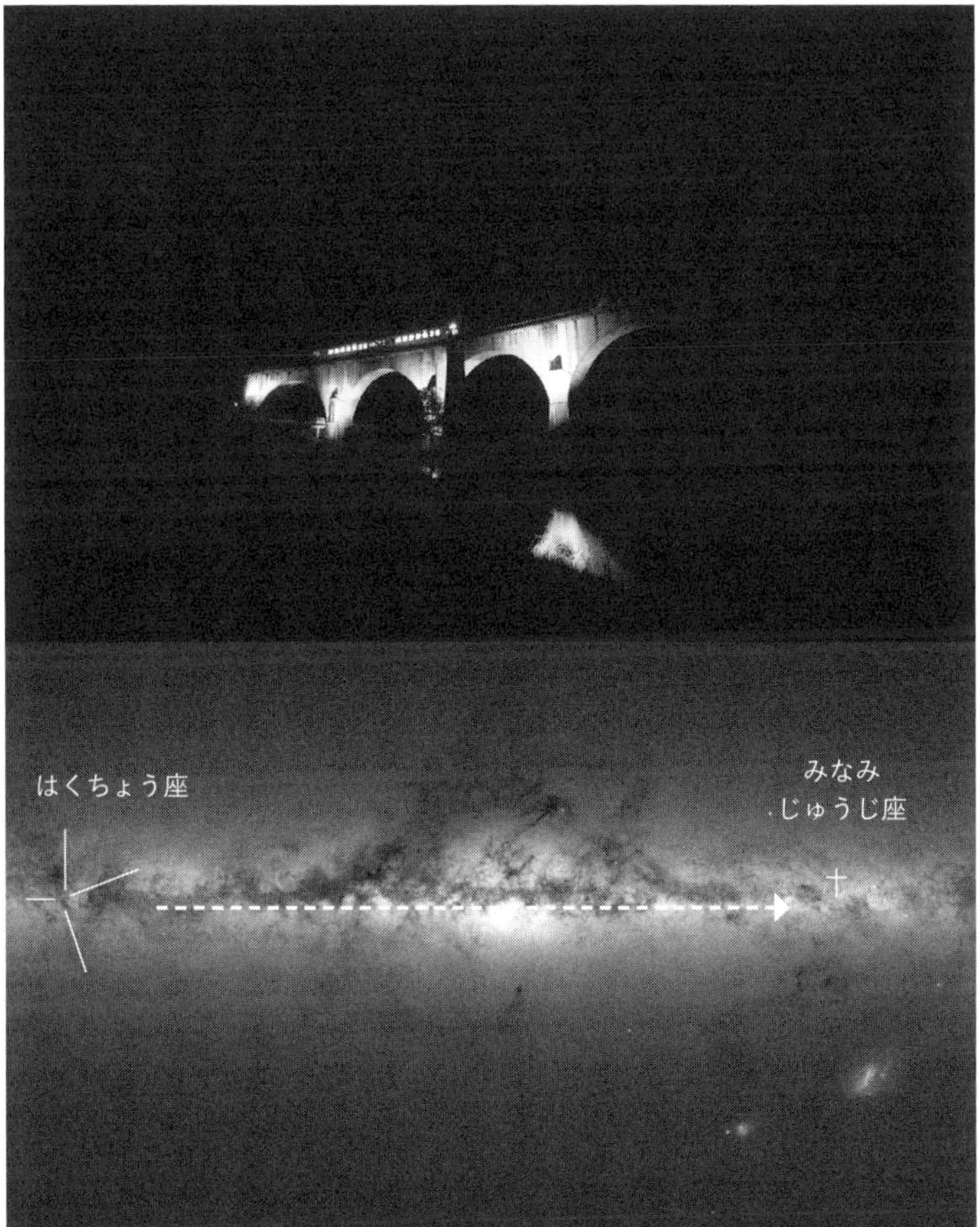

図3-5　天の川を走る銀河鉄道の旅路

GAIA衛星による全天写真：(ESA/GAIA/DPAC)
http://sci.esa.int/gaia/60169-gaia-s-sky-in-colour/
上の写真はJR釜石線の宮森橋梁を走る電車。写真は銀河鉄道の旅路の方向を考えて、左右反転して使用しています。(撮影：畑英利)

表3-2　銀河鉄道の時刻表 *a

駅	時刻	事項
–	–	発車（時刻の記載なし）
銀河ステーション	–	停車（時刻の記載なし）
白鳥の停車場	23時 *b	停車20分
わしの停車場	–	通過（時刻の記載なし）
小さな停車場 *c	第2時 *d	停車
南十字ステーション	第3時 *d	停車
石炭袋の停車場 *e	–	終着（時刻の記載なし）

*a：『科学者としての宮沢賢治』（斎藤文一、平凡社新書、2010年、75頁）に準拠。
*b：11時到着ですが、夜なので23時です。
*c：斎藤文一は仮の駅名として“さそりの停車場”としています。
*d：時刻の前に“第”が付いています。その意味は不明です。
*e：南十字ステーションに停車した後、確かに銀河鉄道は動いています。“けれどもそのときはもう硝子の呼子は鳴らされ汽車はうごき出しと思ふうちに銀いろの霧が川下の方からすうっと流れて来てもうそっちは何も見えなくなりました。”（『【新】校本宮澤賢治全集』第十一巻、本文篇〈筑摩書房、1996年〉、166頁）という記述があるからです。その後、カムパネルラが石炭袋に気がつきますが、そこで停車したかどうかは不明です。したがって、石炭袋の停車場があるかどうかは判然としません。

投影された旅路

銀河系の直径は約10万光年ですが、図３-５を見ると、銀河鉄道の旅路は数万光年にもなりそうです。ところが、この評価は誤っています。なぜなら、私たちは夜空に見える星々を天球面に投影して見ているからです。

私たちが夜空で見ることのできる星々はじつは太陽系の比較的近くにあります。距離にして約２０００光年ぐらいまでだと思ってよいでしょう（『理科年表』〈丸善出版〉の天文部〝おもな恒星〟の項を参照してください）。

実際、はくちょう座のα星、一番明るい星であるデネブまでの距離は１４００光年です（図１-９を参照）。一方、みなみじゅうじ座のα星であるアクルックスまでの距離は３２０光年です。つまり、これら二つの星の距離は約１７００光年でしかないのです（図３-６）。

図３-６に示したエリアを銀河系全体の図（図３-４）に重ねてみましょう。それが、図３-７です。これを見て、おわかりのように、銀河鉄道の旅路は太陽系の近くにあったのです。

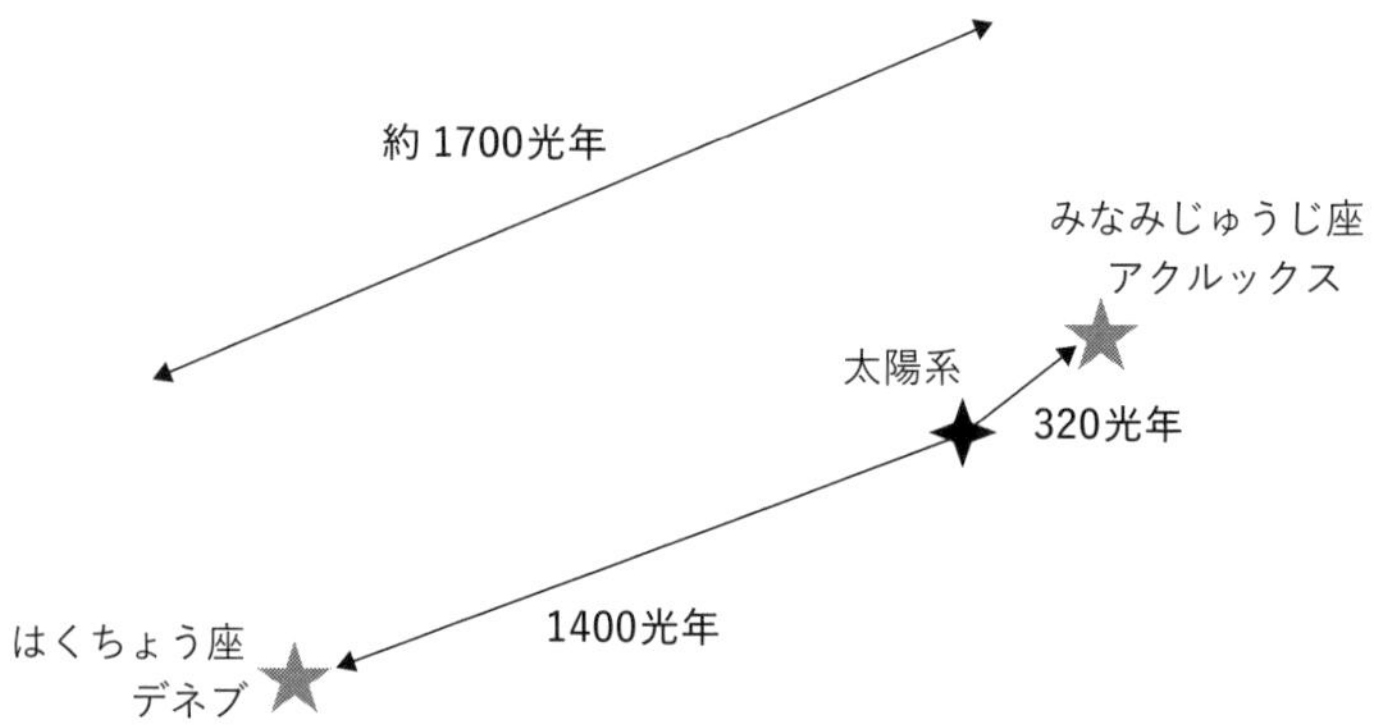

図3-6　デネブとアクルックスの相対位置

銀河系の中心方向はこの図では上側になります。
出典：『天文学者が解説する宮沢賢治『銀河鉄道の夜』と宇宙の旅』（谷口義明、光文社新書、2020年、図2-27、188頁）

さて、『銀河鉄道の夜』の旅路は数万光年もないことがわかりましたが、それでも１７００光年もあります。表３-２の時刻表を信じれば、わずか4時間で走り切ってしまうことになります。１７００光年の距離を4時間で走るということは、時速にすると、約４２５光年毎時ということになります。秒速に換算すると約１・１兆キロメートル毎秒です。光速は30万キロメートル毎秒なので、やはり、光速を超える速度での旅になってしまうのです。より詳しく知りたい方は、拙著『天文学者が解説する宮沢賢治『銀河鉄道の夜』と宇宙の旅』（光文社新書、２０２０年、１８７―１９０頁）をご覧ください。

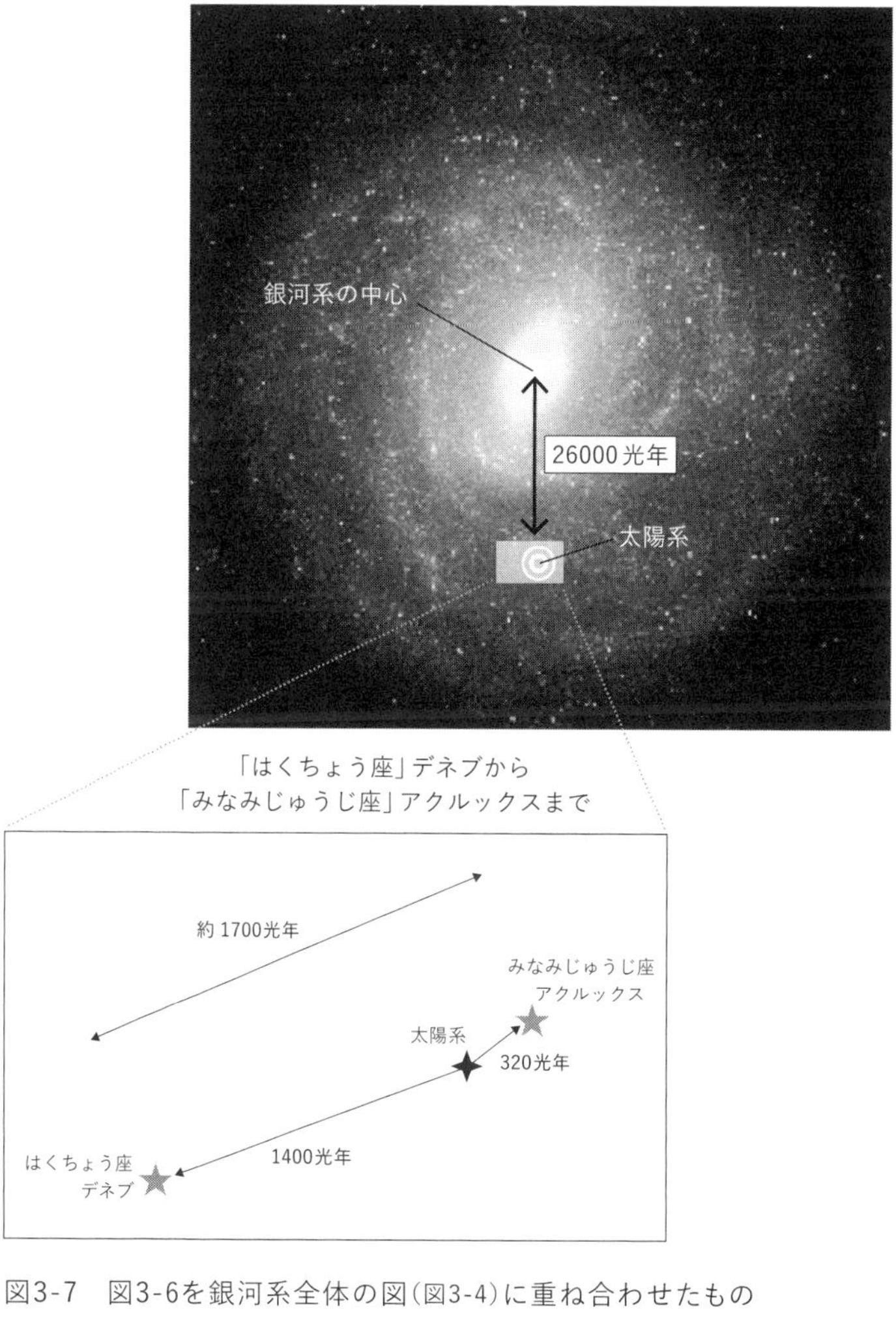

図3-7　図3-6を銀河系全体の図（図3-4）に重ね合わせたもの

左が全体像で、右側が太陽系近傍のクローズアップです。
出典：『天文学者が解説する宮沢賢治『銀河鉄道の夜』と宇宙の旅』（谷口義明、光文社新書、2020年、図2-28、189頁）
銀河系の図：馬場淳一（国立天文台）

第4章

ユニークな銀河の暮らしぶり

4-1 銀河には「見える」家はない

銀河には住む家があるのか？

私たちは一軒家か、マンションか、アパートなどに住んでいます。家には屋根や壁があり、私たちを雨や風から守ってくれています。塀のある家もあります。

つまり、私たちには住処《すみか》としての「家」があります。では、銀河には「家」はあるのでしょうか？　この章では、銀河の家について考えてみることにしましょう。

渦巻銀河M33を見てみよう

ここで、例として、渦巻銀河M33を見てみましょう（図4-1）。秋の夜空、「さんかく座」

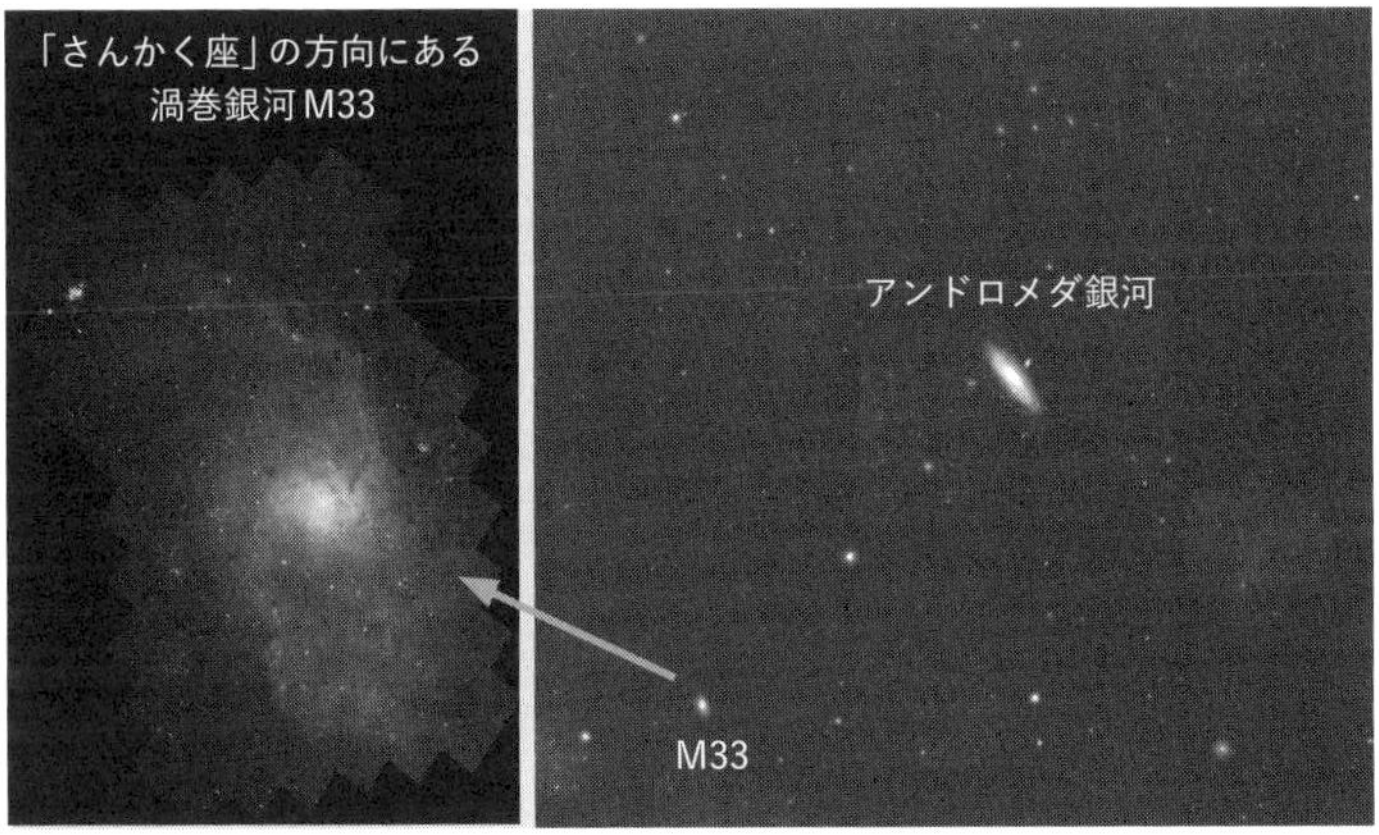

図4-1　渦巻銀河M33

天の川銀河からの距離は300万光年。
（左）　https://hubblesite.org/contents/media/images/2019/01/4305-Image.html
（右）　Digitized Sky Survey の画像から自作したもの

の方向に見える綺麗な銀河です。アンドロメダ銀河とは同じ町内会に住んでいるようなものです。ちなみに、天の川銀河も同じ町内会です。

一見すると、ただ、M33銀河がポツンとあるだけのように見えます。やはり、M33は裸でポツンといるのです。つまり、銀河には「見える」家はないのです。

4-2 銀河には「見えない」家がある

銀河は「見えない」家に住んでいる

M33には「見える」家がないと言いました。このあとで紹介しますが、銀河の周りには「ハロー」と呼ばれる領域が広がっています。星やガスもあるのですが、銀河の円盤部に比べると密度が非常に低いため、はっきりと見ることはできません。このハローは銀河の円盤の数倍の領域まで広がっています。

図4-1を見てみると、M33には渦巻腕があり、その周辺には星がたくさん見えています。しかし、その外側(ハロー)は暗く、星はほとんど見えません。ところが、その暗いハローにも、何か質量を持つ物質があるのです。

銀河円盤の回転を調べよ

その証拠は、M33の銀河円盤の回転運動の様子を見るとわかります。その様子を図4-2に示しましたので、ご覧ください。銀河は一般に中心部のほうが明るく見えます。つまり、中心部のほうが星の個数が多いことがわかります。このことから予想されるのは、銀河の質量は中心のほうに集中しているということです。

例えば、太陽系を考えてみましょう。太陽系では、質量の99％を太陽が担っています。地球などの惑星の質量は無視できる程度でしかありません。そのため、惑星の公転運動はケプラー回転で近似することができます。

それがどのような回転運動なのか、見てみることにしましょう。ニュートンの万有引力と遠心力が釣り合っていると考えます。

万有引力＝遠心力

これを式で表すと、次のようになります。

$$\frac{GmM}{r^2} = \frac{mv^2}{r}$$

ここで、Gは万有引力定数、mとMは惑星と太陽の質量、rは惑星と太陽の間の距離、そしてvは惑星の回転速度です。この式からvを求めると次のようになります。

$$v = \sqrt{\frac{GM}{r}}$$

GとMは定数なので、結局、回転速度vは距離rで決まります。両者の関係は次のようになります。

$$v \propto \frac{1}{\sqrt{r}}$$

つまり、回転速度は距離rのマイナス$\frac{1}{2}$乗に比例して遅くなっていきます。これが

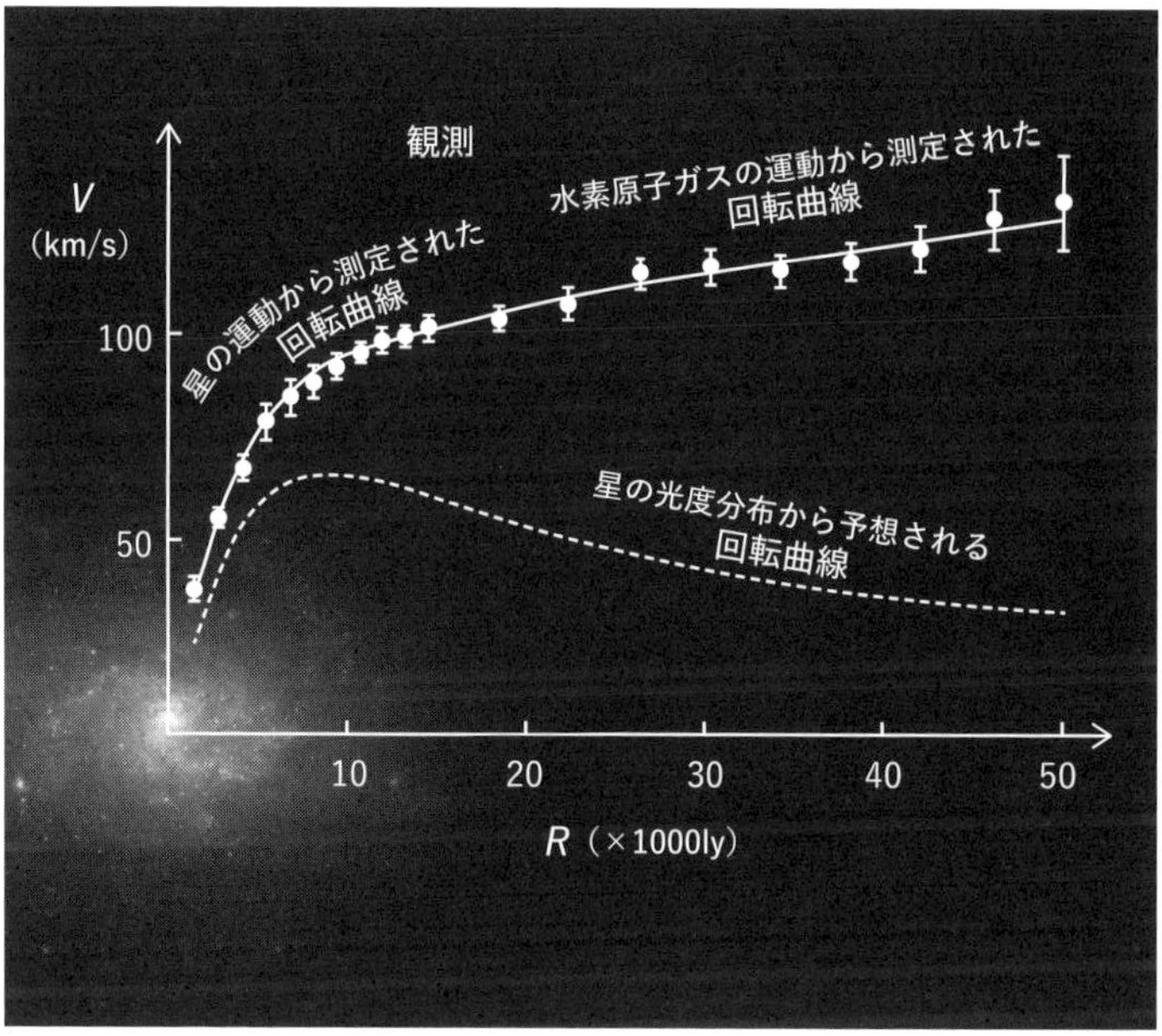

図4-2　M33の銀河円盤の回転運動の様子

縦軸は速度(キロメートル毎秒)で横軸は銀河の中心からの距離です(単位は1000光年)。星が見えている場所では、星の回転運動を調べています。しかし、外側では星はほとんどないので、中性水素原子ガスの回転運動を調べています。M33の光度分布（星の分布を反映しています）から予想される回転運動は破線で示されています。外側ではおおむねケプラー回転に近くなります。しかしながら、星とガスの運動から得られた回転運動(実線)はこの予想より速い速度になっています。
https://en.wikipedia.org/wiki/File:M33_rotation_curve_HI.gif

太陽系の惑星の回転運動の性質です（ケプラー回転と呼ばれています）。

では、図4-2を見てみましょう。回転速度は距離 r と共に増加していきます。速度は外側にいっても遅くならないのです。これを説明するためには銀河円盤の外側にも、何か物質があって、それが回転速度を速くしているのです。しかし、外側には「見える」星はありません。

実際には銀河の外側（ハロー）にも個数は少ないですが、星はあります。そのほかには、中性水素原子ガスもあります。ところが、これらの星やガスを足し合わせても、質量は微々たるものです。つまり、何か「見えない」重い物質があるとしか思えないのです。この回転速度の様子はM33だけではありません。天の川銀河でも、アンドロメダ銀河でも、同じなのです。

ということで、銀河には「見えない」家があるという結論になったのです。

ダークマターでできた家

ここで、あえて「見えない」と言いましたが、それには理由があります。質量の大部

銀河の周りに広がる
ダークマター・ハロー
（見えてる銀河の数倍のサイズ）
このダークマター・ハローが
銀河の家である

図4-3　M33の周りに広がるハローの様子
https://hubblesite.org/contents/media/images/2019/01/4305-Image.html

分を占めているのは普通の物質（原子物質）ではなく、ダークマター（暗黒物質）と呼ばれるものだからです。未知の素粒子であると考えられていますが、今のところ正体は不明です。

ということで、銀河はダークマターが主成分のハローに取り囲まれているのです（図4-3）。これを「ダークマター・ハロー」と呼んでいます。質量は銀河の円盤部の数倍から10倍はあります。実のところ、銀河の誕生と進化には、このダークマターが主役として活躍しているのです（巻末のコラム1、2、3を参照）。

4-3 じつは銀河は豪邸に住んでいる

天の川銀河のハロー

では、天の川銀河の場合はどうでしょうか？　「銀河はダークマター・ハローに守られている」この表現は正しいです。非常に小さな銀河で、あまりダークマターを持っていない例が観測されていますが、天の川銀河のような大きな銀河は必ずと言ってよいほど、ダークマター・ハローを持っています。

銀河のハローを調べる場合、天の川銀河を調べるのが一番です。何しろ、自分たちの住んでいる銀河なので、詳細に調べることができるからです。ただし、かなり広い領域を調べる必要があります。どの方向を見てもハローが広がっているからです。ハローの主成分はダークマターですが、星もあります。円盤部に比べると少ないですが、それでも10億個

図4-4　すばる望遠鏡

左上：散開星団のすばる。おうし座の方向にあり、太陽系からの距離は450光年。（東京大学・木曽観測所）　**下：**散開星団のすばる［写真上側の白いボックスの中］と国立天文台すばる望遠鏡のツーショット（国立天文台：国立天文台ニュース2019年1月1日号、第306巻）
https://www.nao.ac.jp/contents/naoj-news/data/nao_news_0306.pdf

はあります。これらの星は太陽系からは遠くにあるので、暗い星として観測されます。結局のところ、天の川銀河のハローを調べるには、大口径の望遠鏡と、広い視野を観測できるカメラが必要になります。実は、理想的な望遠鏡とカメラがあるのです。国立天文台がハワイ島マウナケア山の山頂で運用している「すばる望遠鏡」と、それに装着されている「ハイパー・スプリーム・カム」と呼ばれる超広視野カメラです。

「すばる望遠鏡」と「ハイパー・スプリーム・カム」

「すばる望遠鏡」は口径8・2メートル。世界最大級の光学赤外線望遠鏡です（図4－4）。そして、「ハイパー・スプリーム・カム」は一挙に1・5平方度の視野を撮影できるカメラです（図4－5）。このカメラを使うと、満月7個分の空をワンショットで撮影できるので、アンドロメダ銀河も一発で撮影できます（図4－6）。

図4-5　ハイパー・スプリーム・カム

上：「すばる望遠鏡」の主焦点に装着される「ハイパー・スプリーム・カム」。高さ 3 m、重さ 3 トンです。右奥に人の姿が見えますが、いかに巨大であるかが、わかると思います。　**下**：カメラの心臓部であるCCD（半導体撮像素子）カメラ。116個のCCDが並べられている超巨大デジタルカメラです。
（国立天文台）

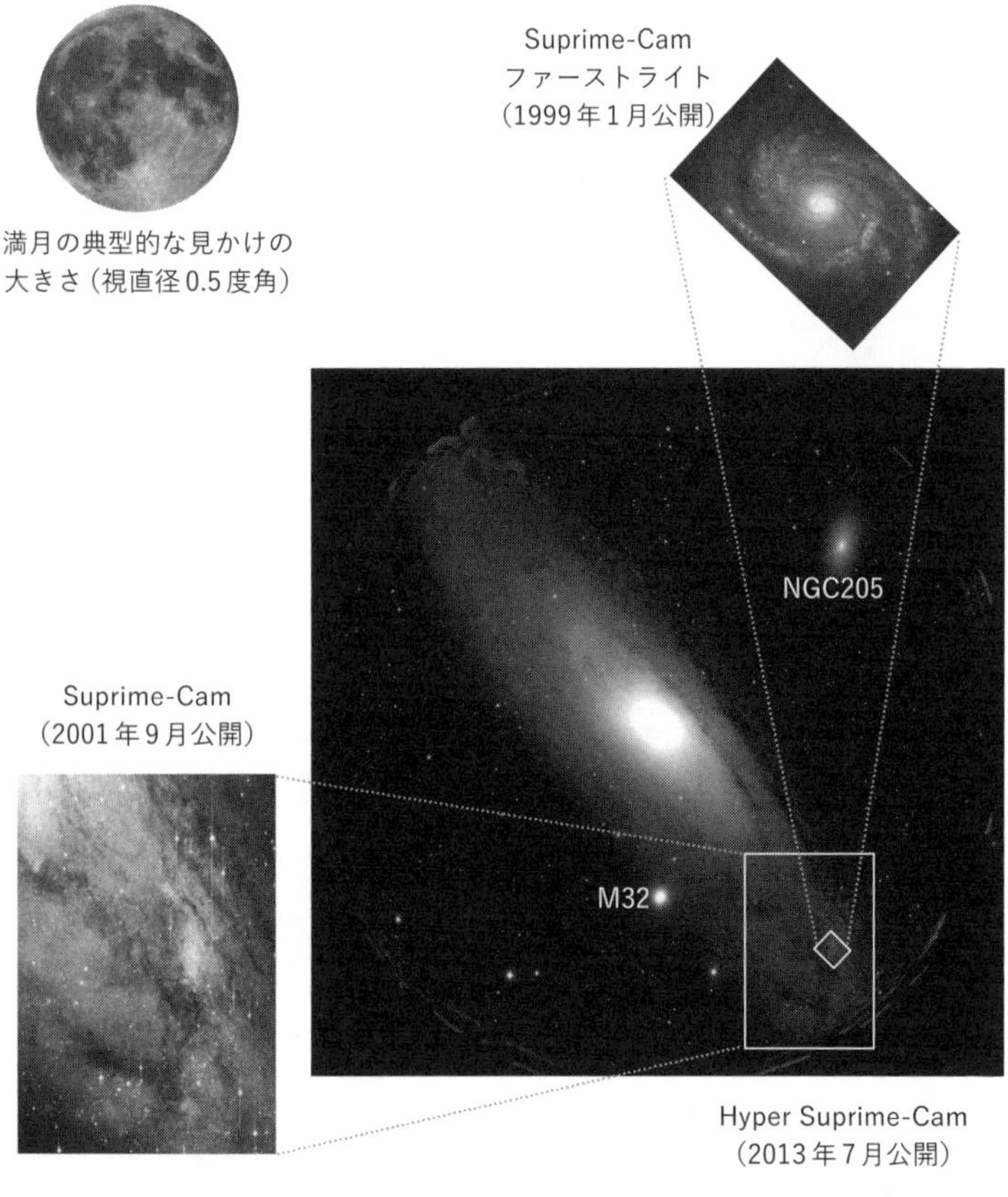

図4-6　すばる望遠鏡の広視野カメラの発展

右上：開所時に用意されていたスプリーム・カム（1個のCCDカメラ）で撮影したアンドロメダ銀河の一部。 **左下**：スプリーム・カム（10個のCCD）で撮影したアンドロメダ銀河の一部。視野は34分角×27分角。 **右**：ハイパー・スプリーム・カムで撮影したアンドロメダ銀河。視野の広さは1.5平方度。比較のため満月が左上に示されている。右側のアンドロメダ銀河の写真には二つの衛星銀河が見えています。NGC205（右上）とM32（中央下）です。これらの衛星銀河はアンドロメダ銀河の周りを回っていますが、いずれアンドロメダ銀河本体に衝突して消えていきます。
https://subarutelescope.org/jp/news/topics/2013/07/30/2424.html
（国立天文台）

天の川銀河のハローにある星

「すばる望遠鏡」の「ハイパー・スプリーム・カム」を使った天の川銀河のハロー探査が行われました。ハローはいったいどこまで続いているのか？　天の川銀河の基本的な性質を調べることになりますが、実はとても重要な探査です。ハローの広がり具合は、天の川銀河がどのようにして生まれたのかを教えてくれるからです。

先ほど述べたように、ハローにも星があります。しかし、円盤部にある星とは根本的に性質が異なっています。円盤部では今でも星が生まれていますが、ハローではもう星は生まれていません。星を産み出す冷たい分子ガス雲がもうないからです。そのため、昔に生まれた長生きの軽い星しか残っていません。

星の寿命は星の質量で決まっています。例えば、太陽の寿命は約１００億年です。46億年前に生まれたので、あと50億年ぐらいは星として輝き続けます。したがって、地球もしばらくは安泰です。

質量が増えるにつれて、星の寿命は短くなります。太陽に比べて50倍重いと、寿命はわずか数百万年しかありません。超新星爆発を起こして死んでいきます。一方、太陽に比べて1/10の質量しかない星は数百億年の寿命があります。

ハローにある星を調べると、今から100億年以上も前に生まれた星が大多数になります。ハローには星の他に球状星団と呼ばれる星団があります。太陽より軽い星が数十万個から100万個も集まっています。天の川銀河の周りには約150個もの球状星団が見つかっています（図4-7）。球状星団の星々の年齢を調べてみると、老齢な星では125億歳です。つまり、今から125億年前に生まれたのです。ハローにある星々は、だいたいそのぐらいの年齢になっています。

質量が太陽と同じであれば、寿命は100億年なので、もう死に絶えています。現在も残っているとすれば、125億年の寿命の星の質量は太陽の質量の0・8倍より軽いことになります。

では、星がなぜ輝いているか説明しておきましょう。宇宙にある元素で一番多いのは水素なので（約90％が水素）、水素を燃料にしています。そこで、星はその中心部（高温・高圧）で、水素原子核である陽子をヘリウム原子核（二個の陽子と二個の中性子）に熱核融合してエネルギーを取り出しています。現在の太陽もこのメカニズムで輝いています。太陽より軽い星

図4-7　天の川銀河の周りにある球状星団であるオメガ星団

ケンタウルス座のω星として登録されています。オメガ星団の拡大写真を左下に示してあります。ケンタウルス座は南半球に行くとよく見える星座ですが、じつはオメガ星団は東北地方でも眺めることができます。ただし、高度は低いので、低空まできれいに晴れていないと見えません。この写真には南十字星や大小マゼラン雲も見えています。南十字星の右下に見える暗い部分は「石炭袋」という名前の有名な暗黒星雲です。
（撮影：畑英利、撮影地：オーストラリア・タスマニア島）
左下のオメガ星団の写真：ヨーロッパ南天天文台（ESO）
https://www.eso.org/public/images/eso0844a/

とはいえ、100億年以上輝くのは大変です。中心部に陽子が少なくなってくるからです。そのため、陽子が枯渇してくると、中心部に溜まってきたヘリウム原子核を熱核融合してエネルギーを取り出すようになります。陽子を熱核融合するより、エネルギー効率が良いため、少し明るく輝くようになります。これらの星はハローの端のほうにあっても、「すばる望遠鏡」を使えば観測することができます。そこで、このような星の探査を系統的に行ったのです。

100万光年の豪邸

そして結果が出ました。なんと、天の川銀河のハローは半径52万光年の距離まで広がっていたのです（図4-8）。つまり、天の川銀河の円盤（直径10万光年）は直径が約100万光年のハローに取り囲まれているのです。

円盤部の10万光年という大きさにも驚きましたが、実はさらに広がっていて、100万光年の「家」の中に住んでいたのです。なんと、とんでもないサイズの豪邸に暮らしていたのです。

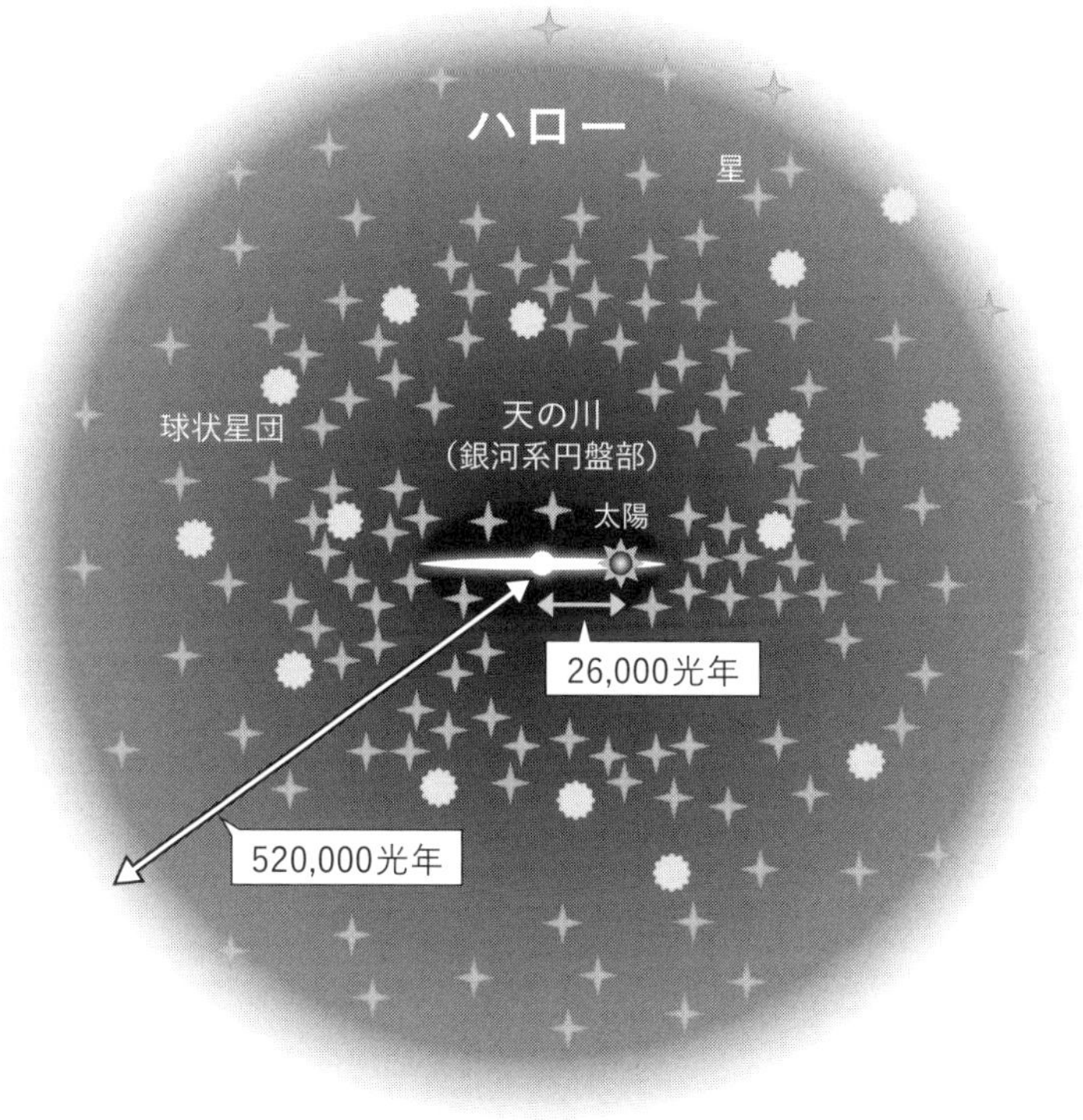

図4-8　ハローの様子

すばる望遠鏡の観測で明らかにされた天の川銀河のハローの様子。
https://subarutelescope.org/jp/results/2019/06/20/2724.html

アンドロメダ銀河よ、君もか！

この豪邸住まいは天の川銀河に限ったことではありません。普通の円盤銀河であれば、みな同じような状況だと考えて間違いありません。例えば、図4-6で見たアンドロメダ銀河も、大きなハローに囲まれています。

アンドロメダ銀河のハローはかなり奇妙な形をしています。これはアンドロメダ銀河が今までにさまざまな銀河と衝突してきた名残だと考えられています。ハローはさらに広がっていて、大きさはやはり100万光年あります。

第5章

宇宙は複雑なことが嫌いである

5-1 銀河には二種類の形しかない

銀河はどんな形をしている？

人類はたくさんの銀河がある宇宙観を持つに至りましたが、銀河の研究が始まったのは1925年のことですから、まだ100年も経過していません。しかし、今では、なんと1兆個もの銀河がこの宇宙にあることを知っています（第12章、12-2節参照）。

人の世界では、「十人十色」と言います。つまり、十人いれば、性格や好みなど、人それぞれ違っているということです。背が高い、痩せている、髪が長い。見た目もそれぞれ違っています。

銀河も人の世界と同じです。厳密に言えば、同じ形をした銀河はありません。しかし、細かな差異を気にしなければ、銀河は大まかに二種類に分類されます。楕円銀河と渦巻銀

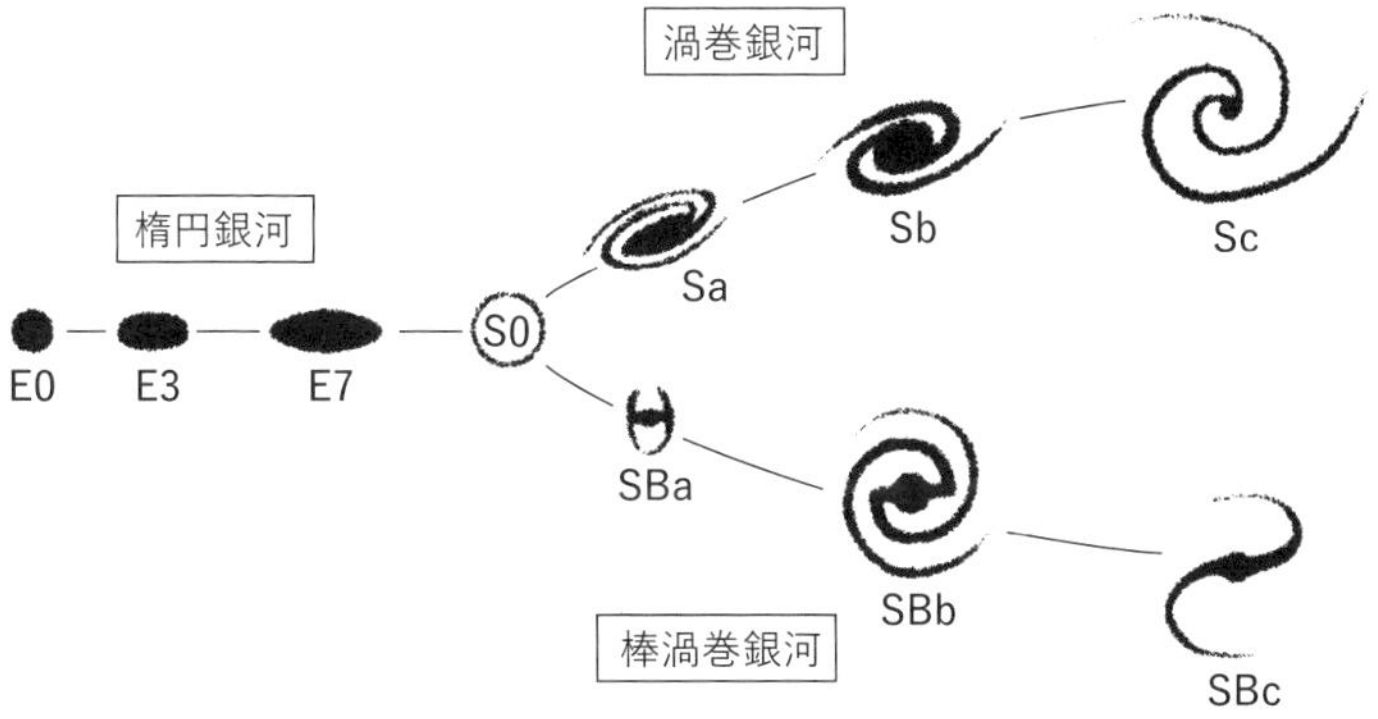

図5-1　銀河の形態分類（銀河のハッブル分類）
天文学辞典　https://astro-dic.jp/hubble-classification/

河（円盤銀河）です（図5-1）。

二種類の銀河

図5-1に示した銀河の形態分類（銀河のハッブル分類）を見てみると、三つ系列があるように見えます。左側には楕円銀河、そして右側には渦巻銀河と棒渦巻銀河です。渦巻銀河と棒渦巻銀河との違いは、円盤部に棒状の構造があるかどうかですが、この差を気にしなければ、二種類とも渦巻銀河としても大丈夫です。実際のところ、棒状の構造があるかどうかで、銀河の性質はほとんど変わりません。また、渦巻構造より星々でできた円盤構造があることが重要だ

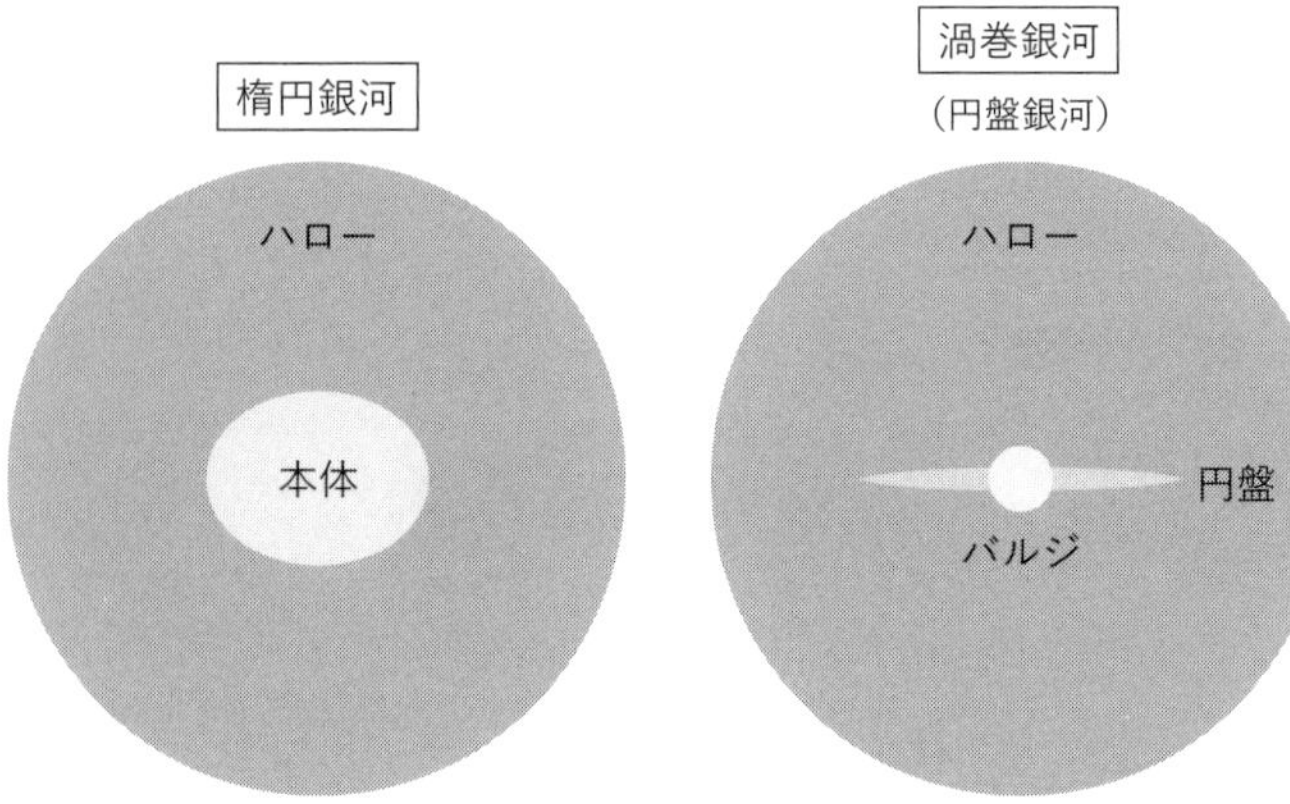

図5-2　楕円銀河と渦巻銀河（円盤銀河）の基本的な構造

と思えば、合わせて円盤銀河と呼んでも問題ありません。

結局、銀河の世界には楕円銀河と渦巻銀河（円盤銀河）の二種類しかないとしてもよいのです。とても単純な世界です。

楕円銀河と渦巻銀河（円盤銀河）の基本的な構造を図5-2にまとめました。両者とも銀河本体より数倍もの大きさのハローに取り囲まれています。第4章で説明したダークマター・ハローです。

楕円銀河の名前の由来は、眺めた姿が楕円形に見えるからです。しかし、それは天球面に投影した二次元的な形です。実際には、もちろん3次元的に星々が分布しています。見た目の形は円形から、やや長く伸びた楕円形まであります。実際の星々の空間分布や運動の様子については第7章で見ていくことにします。

渦巻銀河（円盤銀河）で重要な構造は二つあります。ひとつは円盤です。私たちの住む太陽系は天の川銀河の円盤部にあります。もうひとつはバルジと呼ばれる構造です。銀河の中央部に位置していて、円盤と直交する方向に膨らんでいます。もともとバルジは「ふくらみ」という意味です。

渦巻銀河のバラエティ

図5-1の銀河のハッブル分類を見ると、渦巻銀河のほうがバラエティに富んでいるように見えます。渦巻銀河と棒渦巻銀河の二種類があることもそう見える要因ですが、両者の中でも渦巻の様子にバラエティを感じます。ハッブルはどのような性質に着目したのでしょうか？　それをまとめたものが、図5-3です。

渦巻銀河と棒渦巻銀河の形態にはサブクラスが与えられていて（図5-1および図5-3）、左からa、b、cとなっています。ハッブルが着目した性質は何か？

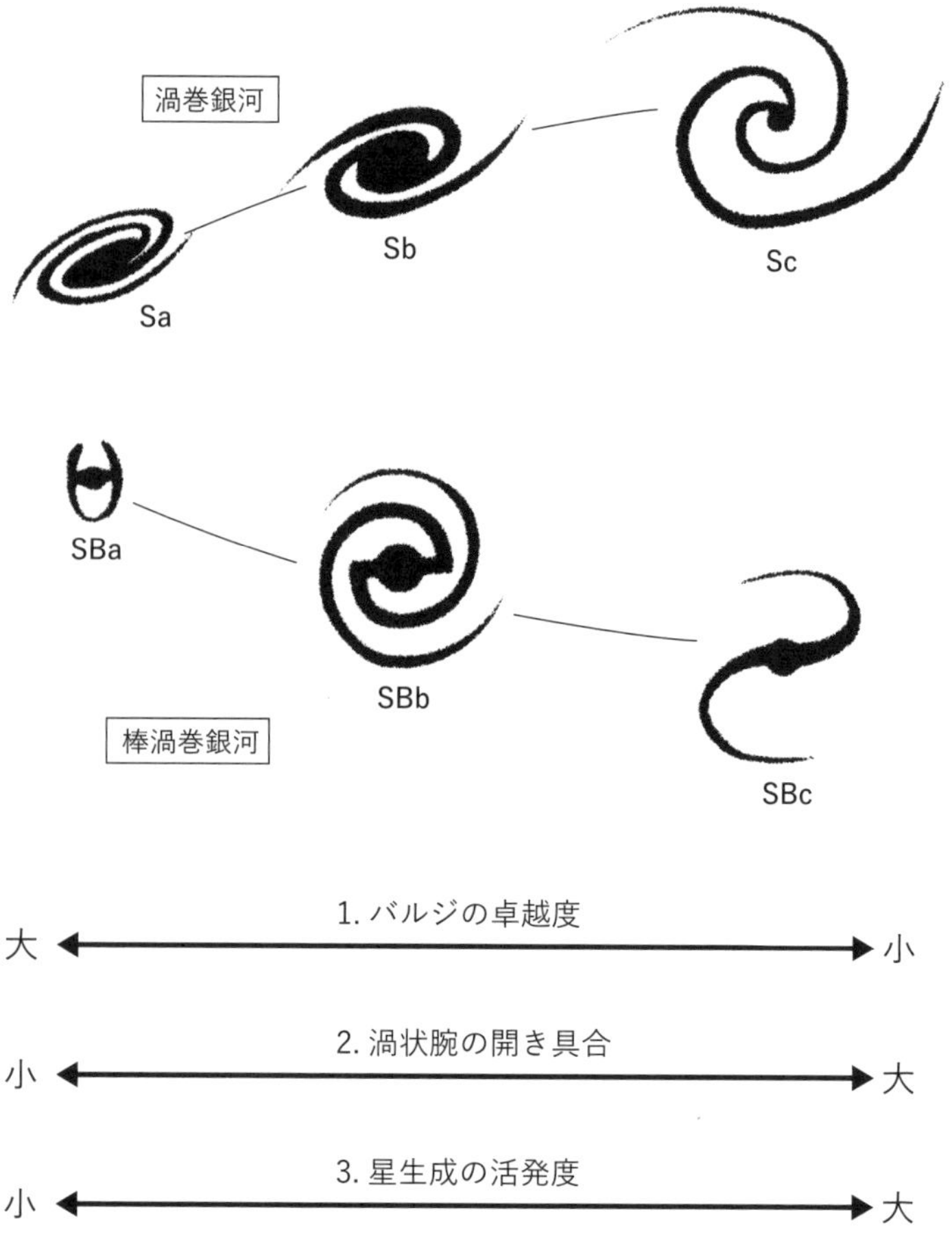

図5-3　渦巻銀河と棒渦巻銀河の形態分類とその性質

この疑問に答えるために、図5-3の下にハッブルが着目した性質をまとめておきました。要素は全部で三つあります。

aからcにいくにつれて、次の三つのパラメータが変化します。

1. バルジの卓越度
2. 渦状腕（渦巻腕）の開き具合
3. 星生成の活発度

これらのパラメータの変化の様子をまとめておきましょう。

バルジの円盤に対する卓越度は、a→cで減少していきます。aで目立っていたバルジは、cでは目立たなくなっています。

渦状腕（渦巻腕）の開き具合は、a→cにいくにつれて開いていきます。

星生成の活発度は図5-1から読み取ることはできませんが、a→cにいくにつれて活発になっていくことがわかっています。

最初はみんな丸かった？

では、ハッブルはどうして図5-1に示した分類体系を提案したのでしょうか？　それは銀河の起源や進化を考えるためです。

植物でも動物でも名前があります。つまり、分類体系があります。このような分類の目的は、名前をつけるためではありません。植物や動物の起源は何か？　そして、どうやって進化し、現在のような分類体系に落ち着いたのか？　こういう問題を考えるために分類が行われています。

ハッブルは銀河の形態を分類することで、銀河の進化について考えてみたかったのです。彼のアイデアを一言でいえば、「最初はみんな丸かった」です。

銀河は星の大集団です。星の個数はざっと1000億個です。星はガスの雲の中で生まれます。したがって、予想されることは巨大なガス雲があり、その中で星々がどんどん生まれ、銀河になったということです。

ハッブルは銀河が誕生したときは、まだ球のような形をしていたのではないと想像しました。しかし、銀河は大なり小なり角運動量（回転する能力のこと）を持っていたでしょう。すると、銀河は回転し始め、だんだん平たい構造になっていきます。つまり、球形の楕円銀河から出発したのですが、だんだん平たい楕円銀河になり、最後は円盤ができて円盤銀河になっていくのではないか？　ハッブルはそう考えたのです。バルジは見かけ状、楕円銀河の形に似ています。バルジがだんだん小さくなって、円盤になっていけばよいわけです。渦巻の開き具合の変化は説明できませんが、ハッブルは楕円銀河→渦巻銀河という進化系列を頭の中に描いていたのです。

ただ、ハッブルには気になることがありました。それは楕円銀河と円盤銀河の間には大きなギャップがあることです。そこで、両者を繋ぐものとして、仮説的にS0銀河というクラスを導入したのです。円盤はあるが、渦巻はまだないような銀河です。ハッブルがこの分類を提案した時代には、そのような銀河は見つかっていませんでしたが、現在ではたくさん見つかっています。「ハッブルの慧眼《けいがん》、おそるべし」という感じです。

いやいや、そうではありません

しかし、ハッブルが考えた楕円銀河→渦巻銀河という進化系列は実現しません。実は、銀河は形を変えるのが下手なのです。

ここで、どうすれば銀河の形が変わるのか、考えてみましょう。銀河の形は星々の分布で決まります。つまり、銀河が形を変えるためには、星々の空間分布が変わる必要があります。そのためには、銀河の中の星々がお互いに遭遇して、軌道を変えなければなりません。星々が頻繁に遭遇すれば、軌道が大きく変わります。ところが、銀河の中の星の分布はスカスカなので（太平洋の端と端にスイカが2個程度の個数密度）、滅多にぶつかりません。100億年の100億倍のさらに10倍ぐらいの長い時間が経過すると、ようやく銀河の形が変わり始めます。しかし、現在の宇宙の年齢は138億歳です。したがって、ハッブルが考えた銀河の形態進化は起こりえないのです。

したがって、楕円銀河と円盤銀河の形成メカニズムは異なっていることがわかります。実のところ、現在でも正しく理解されていません。

今から約１００年も前に、ハッブルは果敢にも銀河の進化に関するアイデアを提案しました。おそらく、これだけで偉業なのです。なぜなら、銀河のハッブル分類は銀河の形態を調べる際のガイドラインとして、今でも使い続けられているからです。

ハッブルの形態分類の奥深さ

ハッブルの形態分類の重要性は、単に形だけの問題ではありません。実は、銀河のさまざまな性質がハッブルの形態分類の系列に沿って変化していることがわかっています。例えば、星を産み出すようなガス雲の量です。現在の楕円銀河にはそのようなガスはほとんどありません。一方、円盤銀河にはまだガスが残っていますが、a→cにいくにつれて、相対的にガスの量が増えていきます。実は、これはaに比べてcのほうで、星の生成が活発な理由なのです。

また、銀河円盤の回転速度にも差が見られます。a→cにいくにつれて回転速度が遅くなっていくのです。これは銀河の質量がa→cにいくにつれて軽くなっていくことを意味します。

なぜ、そうなっているのか、まだ理解されていません。しかし、ハッブルの形態分類の持つ意味はかなり深遠です。現代の天文学者がハッブルの形態分類から逃れられないのには、それなりの理由があるのです。ハッブルの夢である銀河の進化の理解は、次代の研究に委《ゆだ》ねられているのです。

ところで、先ほど銀河の形は宇宙年齢の間には変化しないと言いました。この議論が成立するのは、銀河が孤立系として進化する場合です。この場合、自力本願で銀河の形が変わることはない、という意味になります。

では、他力本願はあるのでしょうか？　このあとで見ていくことになりますが、銀河は孤立系ではありません。周辺にある銀河と相互作用しながら存在しています。したがって、銀河は衝突したり、合体したりすることがあるのです。実は、このときに銀河の形は大きく変わります。この他力本願については、第9章から第10章で説明することにします。

5-2 銀河の気持ち

細かなことは気にしない

銀河の形は細かく見れば、すべての銀河で形は異なっています。1兆個の銀河があれば、1兆種類の形があるということです。

しかし、前節で見たように、大まかにはハッブルの形態分類で銀河の形を語ることができます。大別すれば楕円銀河と渦巻銀河（円盤銀河）の二種類しかありません。

渦巻銀河には渦巻構造があるので、楕円銀河に比べるとやや複雑なようにも見えます。しかし、そこに意味はありません。そもそも、渦巻があってもなくても、銀河は銀河なのです。

ところが、人は「形」にこだわりを持っています。フランスの哲学者、ブレーズ・パスカル（1623～1662）が遺した有名な言葉があります。

「クレオパトラの鼻がもっと低かったら、大地の全表面が変わっていただろう」

あるいは、世界の歴史が変わっていただろうとも言われます。

一人の女性の鼻の高低がこれほどの影響力を与えるのは不思議です。なぜか？

これは、人間の目はパターン認識が得意であることに由来していると考えてもよいでしょう。


「あの人は背が高い」

「あの人はスマートだ」

「あの人の眼光は鋭い」


このように、私たちは人を見て、いろいろな分析をするのが上手だということです。

そこで、見る対象を人ではなく、銀河にしてみましょう。すると、銀河の形態分類が出来上がるというわけです。そして渦巻銀河の渦巻を見ると、人は細かな差異を気にするようになります。

さまざまな渦巻

銀河の形態に関するハッブル分類の図（図5−1と図5−3）では、銀河の形はハッブルが描いたイラストになっています。楕円銀河は球形と楕円形だけなのでよいですが、渦巻銀河はかなり多様であり、必ずしも分類のイラストのようにはなっていません。そこで、まず、実際の渦巻銀河を見てみることにしましょう（図5−4）。

ハッブル分類の図では渦巻銀河の渦巻の数は2本です。ところが、図5−4に示した4個の渦巻銀河のうち、腕が2本ある渦巻構造が顕著に見られるのは左側の2例（M83とM74）だけです。3本以上の渦巻を持つM101には3本の渦巻が見えます。このような渦巻はマルチプル・アーム（多重渦巻腕）と呼ばれます。一方、M63では顕著な渦巻構造は見えずに、羊の毛のようなはっきりとしない構造が見えています。これはフラキュラント・アーム（羊毛渦巻腕）と呼ばれます。たった4例を見ただけですが、渦巻銀河の世界は多彩

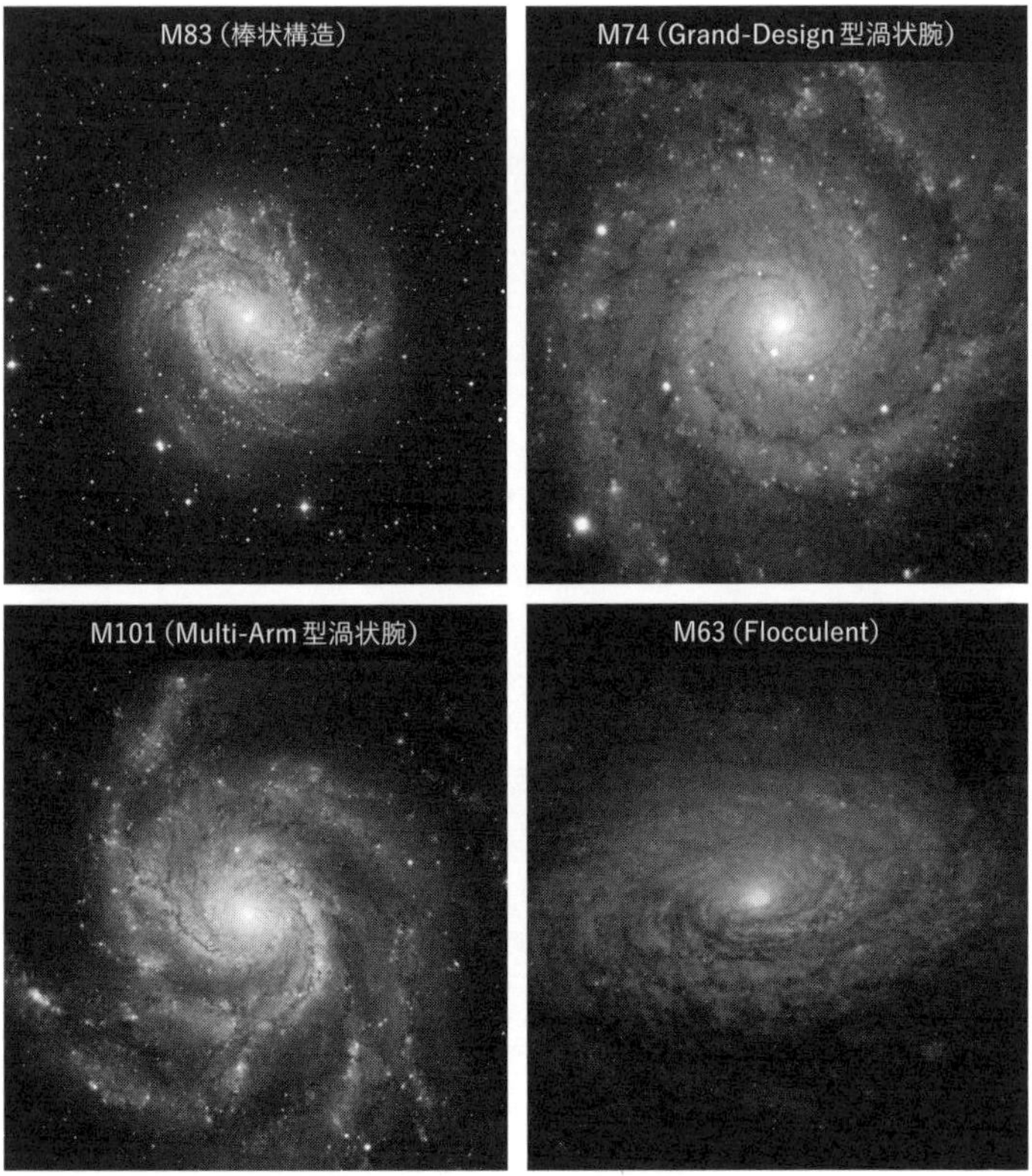

図5-4　4個の渦巻銀河の例

左から、M83 (SBc / SAB(s)c)、M74 (Sc / SA(s)c)、M101 (Scd / SAB(rs)cd)、およびM63 (Sbc / SA(rs)bc)。(　) 内の分類型は最初が普通のハッブル分類の型、2番目がこのあと説明するドウ・ヴォークルール分類の型です。なお、一番左のM83は次に説明する棒渦巻銀河の例です。

であることがわかります。

さまざまな棒渦巻

今度は、棒渦巻銀河です。このタイプの銀河では、円盤部に棒状の構造があることが特徴です。図5-4に棒渦巻銀河の例として、M83を示しましたが、他の例も見てみましょう（図5-5）。

これを見てわかることは、棒状構造は渦巻も作りますが、リング構造も作ることです。リング構造も個性的です。NGC3351では円盤の内側にリングがあります。これはインナー・リングと呼ばれます。一方、NGC1291では円盤の外側にリングがあります。こちらはアウター・リングと呼ばれます。つまり、二種類のリング構造があるのです。NGC1300にはリングは見えませんが、渦巻がもう少し巻きついていくとリング構造ができそうな気配があります。

こうしてみると、棒渦巻銀河のほうが、多彩なように見えてきます。

図5-5　さまざまな棒渦巻銀河

上：NGC1300（SBbc/ SB(rs)bc)）、**中央右**：NGC3351（SBbc/SB(r)bc)）、**中央左**：NGC1291（SB0/a(R)SB0/a）。**下**：NGC4736（Sab/(R) SA(r)ab）は棒渦巻銀河ではなく普通の渦巻銀河ですが、銀河全体を取り囲むリング構造がNGC 1291に類似しているので参考のために載せました。これらのリング構造はアウター・リングと呼ばれるものです。一方、NGC3351 にもリング構造が見えますが、これは円盤の中にあるのでインナー・リングと呼ばれるものです。(SDSS)

棒のある・なし

棒渦巻銀河の棒状構造は図5-5に示したような、ご立派な棒状構造だけとは限りません。中にはよく見ないと、棒状構造があるのかどうか、はっきりしないケースもあります。

このことに着目したのがフランスのジェラルド・ドウ・ヴォークルール（1918～1995）です。彼は棒状構造と渦巻構造は対立する構造ではなく、連続的に変化するものではないかと考えました（図5-6）。そこで、棒状構造を持たない渦巻銀河にはSA、棒渦巻銀河にはSBいう名称を与え、さらにその中間としてSABというカテゴリーを設定したのです。

また、円盤内部に見られるリング構造（インナー・リング）にも着目し、これについては渦巻との連続性を導入しました。リングはr、渦巻はs、そしてその中間がrsという具合です。

さすがに分類が細かすぎるような気がしますが、多くの天文学者の関心を引きました。

実は、ドウ・ヴォークルールは銀河の形態分類の研究分野で大きな功績を挙げた天文学者

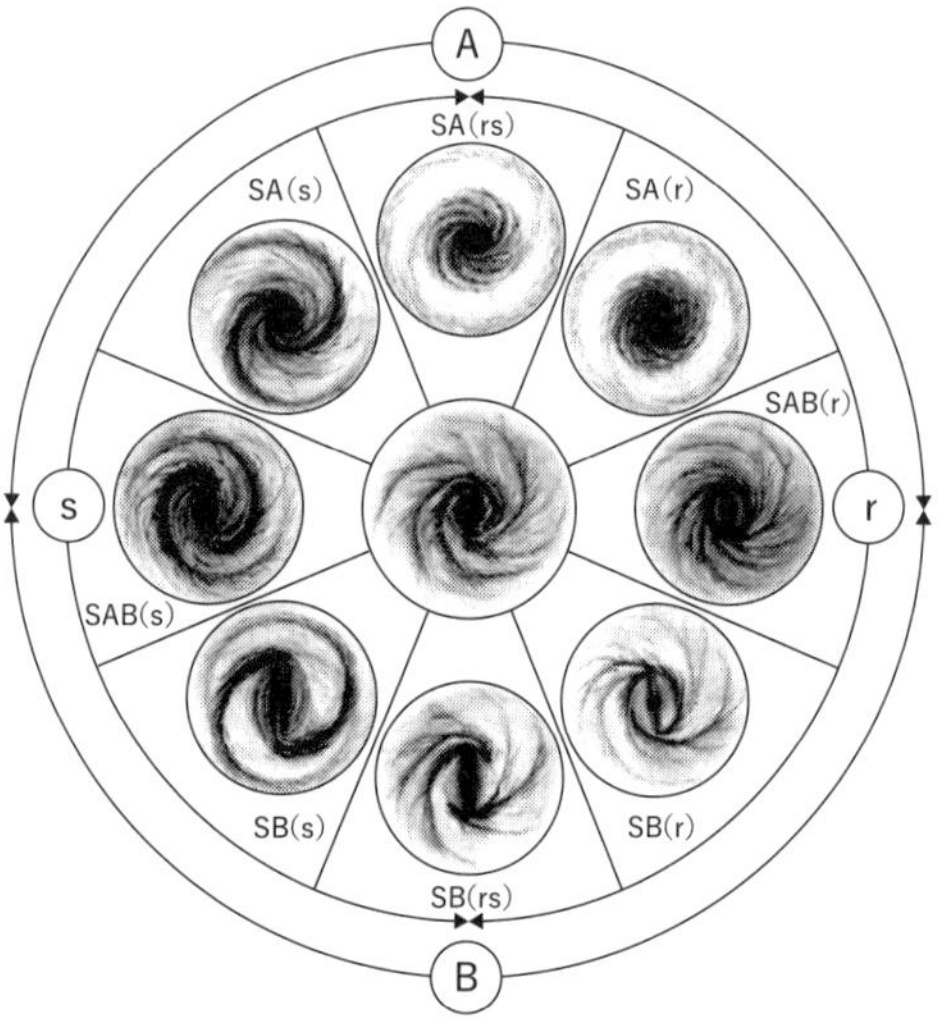

図5-6　ドゥ・ヴォークルールの円盤銀河の分類法

天文学辞典　https://astro-dic.jp/hubble-classification/

の一人でした。銀河のカタログ作りにも力を入れ、彼のカタログは多くの天文学者に利用されました。そういった経緯もあり、彼の仕事は高く評価されていたのです。

銀河の気持ち

「宇宙にはどうしてこんなに綺麗な渦巻銀河があるのだろう！」

実は、この感銘が私を天文学に導いてくれました。高校2年生までは、大学は法学部に行こうと思っていました。しかし、中学生の頃から少しずつ銀河に興味を持ち始め、結局、高校3年生のときに決断し、理学部で天文学を学ぶ道を選んだのです。

大学、そして大学院で銀河の勉強をしてみると、もうかなり研究が進んでいることを知りました。ハッブル分類、ドゥ・ヴォークルール分類、そして渦巻の形成機構など、教科書に説明されていました。要するに、銀河の形態に関していえば、私の出る幕はないということでした。それでも。面白い形の銀河を見つけては、観測して論文を書いていました。

そうこうしているうちに、ふと思い至りました。

「銀河は自分のことを、どう思っているのだろうか？」

素朴な疑問です。経験から言えることは、素朴な質問ほど、的を射ていることが多いということです。

「銀河は自分の形など、気にしていないのではないだろうか？」

これが私の思ったことでした。

そもそも、宇宙には鏡がないので、銀河は自分の姿を見ることはできません。仮に鏡があったとしても、お化粧をする術《すべ》もないのです。だったら、あるがままに生きるしかありません。

何のことはない。渦巻があろうとなかろうと、銀河にとっては、どうでもよいことなのです。渦巻銀河なのか、楕円銀河なのかも、気にしてはいないのです。

見た目は気にしない

ということで、銀河は自分の姿に関心がありません。銀河の姿に関心があるのは、研究対象として銀河を選んでしまった天文学者だけです。

私たち人間は、どうも他人の目を気にする生き物のようです。少しでもよい格好をして、高く評価してもらいたいと願っています。もちろん、そういうことにまったく関心を持たず、我が道を行くタイプの人もたくさんおられるでしょう。

しかし、銀河の世界は違うようです。そもそも自分の姿に関心がありません。ということは、他の銀河の形にも関心はないはずです。

銀河は他の銀河のことを気にしません。気にする必要がないからです。勝手に生きる人生を選んでいるということです（人生ではなく銀生か?）。いずれにしても、銀河の世界に銀種差別はありません。これは、是非とも見習いたいものです。

5-3 黒い服が好き

今日はどの服にしようか?

私たちは出かけるとき、今日はどの服にしようかと考えます。服に合わせて、靴を選んだりもします。しかし、銀河には関係のない話です。そもそも、銀河は積極的に出かけることはないからです。

しかし、まったく出かけないかというと、そうではありません。他の銀河や銀河の集団（銀河団）に誘われて出かけることはあります（第9章参照）。周辺に重いものがあれば、それに引っ張られて出かけることがあるのです。ただ、この表現は古典的な力学（ニュートン力学：高校時代に習った力学）に基づいたものです。正確には、アルベルト・アインシュタイン（1879〜1955）が構築した一般相対論（重力の理論）を用いる必要があります。

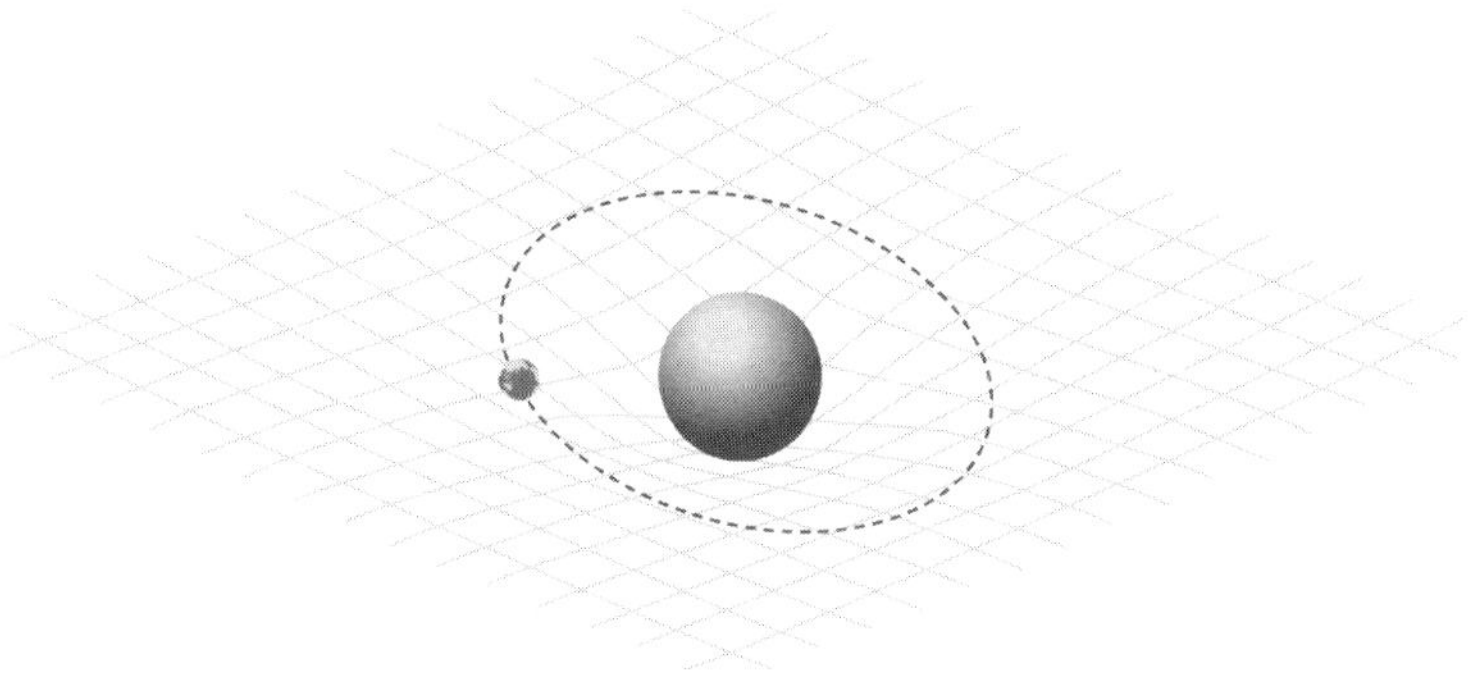

図5-7　一般相対論による地球の公転運動の説明

地球は太陽の質量が作る時空の歪みに沿って運動しているだけです。

その場合は、「周辺の銀河や銀河団の作る時空の歪みに沿って運動する」ということになります。

一般相対論では、

質量を持つ物体がある＝その場所の時空は質量分布に応じて歪む

と考えます。ここで、地球の公転運動を考えてみましょう。地球は太陽の周りを、一年かけて公転運動しています。ニュートン力学では地球と太陽の間に働く重力（地球は太陽の重力で引っ張られている）によると解釈します。しかし、一般相対論ではまったく異なる解釈をします。

太陽の周辺は太陽の質量により時空が歪んでいます。地球はその歪んだ時空に沿って運動しているだけなのです（図5-7）。

いずれにしても、銀河は自発的にどこかに出かけることはありません。私たちとは違うのです。

なぜ豪邸に住んでいるのか？

第4章で、銀河は豪邸に住んでいるという話をしました。豪邸の正体はダークマターでした。

すべての銀河はダークマターでできた豪邸に住んでいます。質量の軽い小さな銀河（矮《わい》小《しょう》銀河と呼ばれます）の中には、あまりダークマターを伴っていないケースもありますが、普通の銀河はすべてダークマターに育《はぐく》まれて生きてきています。

では、なぜそんなことになっているのでしょうか？　私たちが知っている物質は原子でできています。人も、地球も、太陽も同じです。なぜ、銀河だけダークマターを伴った存在なのでしょうか？

現在の宇宙年齢は138億年です。宇宙が誕生したとき、星も銀河もありませんでした。しかし、今では、天の川銀河やアンドロメダ銀河などの大きな銀河が育ってきています。つまり、138億年の間に巨大で大質量の銀河を造らなければなりません。「100億年以上の時間があるから大丈夫だろう。」そう思われるかも知れません。ところが、そうではありません。銀河の誕生と進化には100億年程度の時間は短すぎるのです。

なぜ短すぎるのでしょうか？　それは、重力という力は弱すぎるからです。重力の強さは電磁気力の強さの10の36乗分の1しかないのです。私たちの身体は電磁気力で形を保っています。もし、重力が強いと、私たちは自分の身体を守ることはできずに、地球の重力で潰れてしまうでしょう。重力が電磁気力より非常に弱い力なので、私たちは安全に地球に住むことができているのです。

ダークマターに操られた銀河

宇宙を構成しているものは、原子物質、ダークマター、そしてダークエネルギーの3種類です（コラム1を参照）。宇宙の質量密度（エネルギー密度）を比較してみると、物質だけに着目した場合、原子物質はわずか5％で、ダークマターが26・5％です。ダークマターは原子物質に比べて5倍以上もあります。したがって、宇宙の中で銀河を造る場合、量の多いダークマターの重力のほうが重要になります。

つまり、まず量の多いダークマターがその重力で集まり始める。そして、それに引きずられて、原子物質が集まる。原子物質が集まって、ガスの密度が濃くなった場所で、星が生まれ始める。こうして、だんだん銀河が成長していく。こういう流れになるのです。

では、ダークマターの助けがないと、本当に100億年程度の時間では銀河は成長できないのでしょうか？　コンピューターでシミュレーションした結果を見てみることにしましょう（図5-8）。

このシミュレーションを見るとわかるように、原子物質しかない場合、現在の宇宙年齢である138億年が経過しても、銀河はほとんどできていません。一方、原子物質に加えてダークマターを入れた場合は、現在の宇宙で観測されているような宇宙の姿が再現されています。

では、実際に観測されている宇宙の大規模構造を見てみましょう（図5-9）。これはスローン・ディジタル・スカイ・サーベイと呼ばれる宇宙の広域可視光探査で明らかにされた、

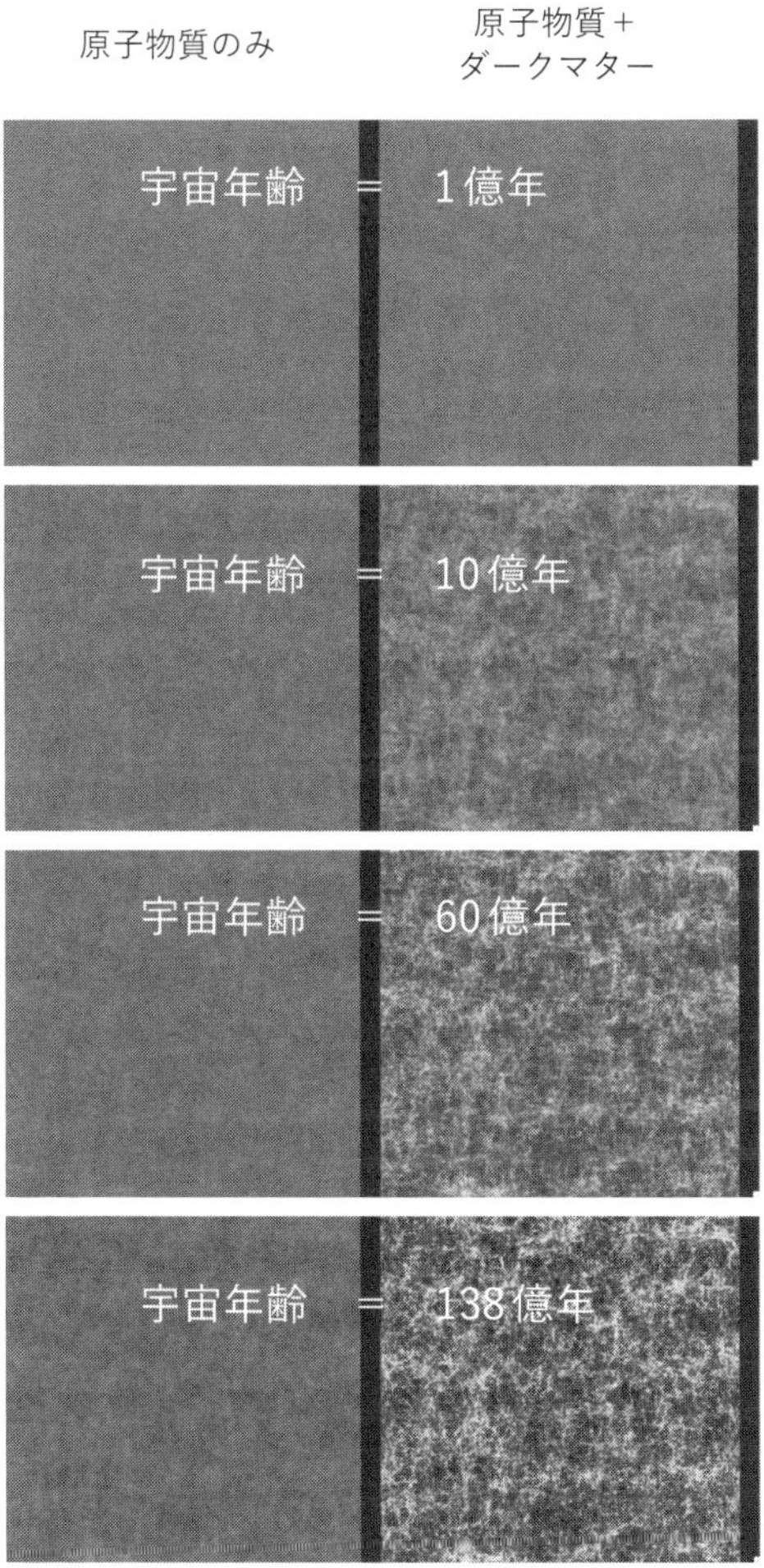

図5-8　宇宙における構造形成(銀河の形成と宇宙の大規模な構造の形成)のコンピューターによるシミュレーション

左:原子物質しかない場合、**右**:原子物質とダークマターの両方がある場合。宇宙年齢は上から、1億年、10億年、60億年、そして138億年(現在)。(提供:吉田直紀[東京大学])

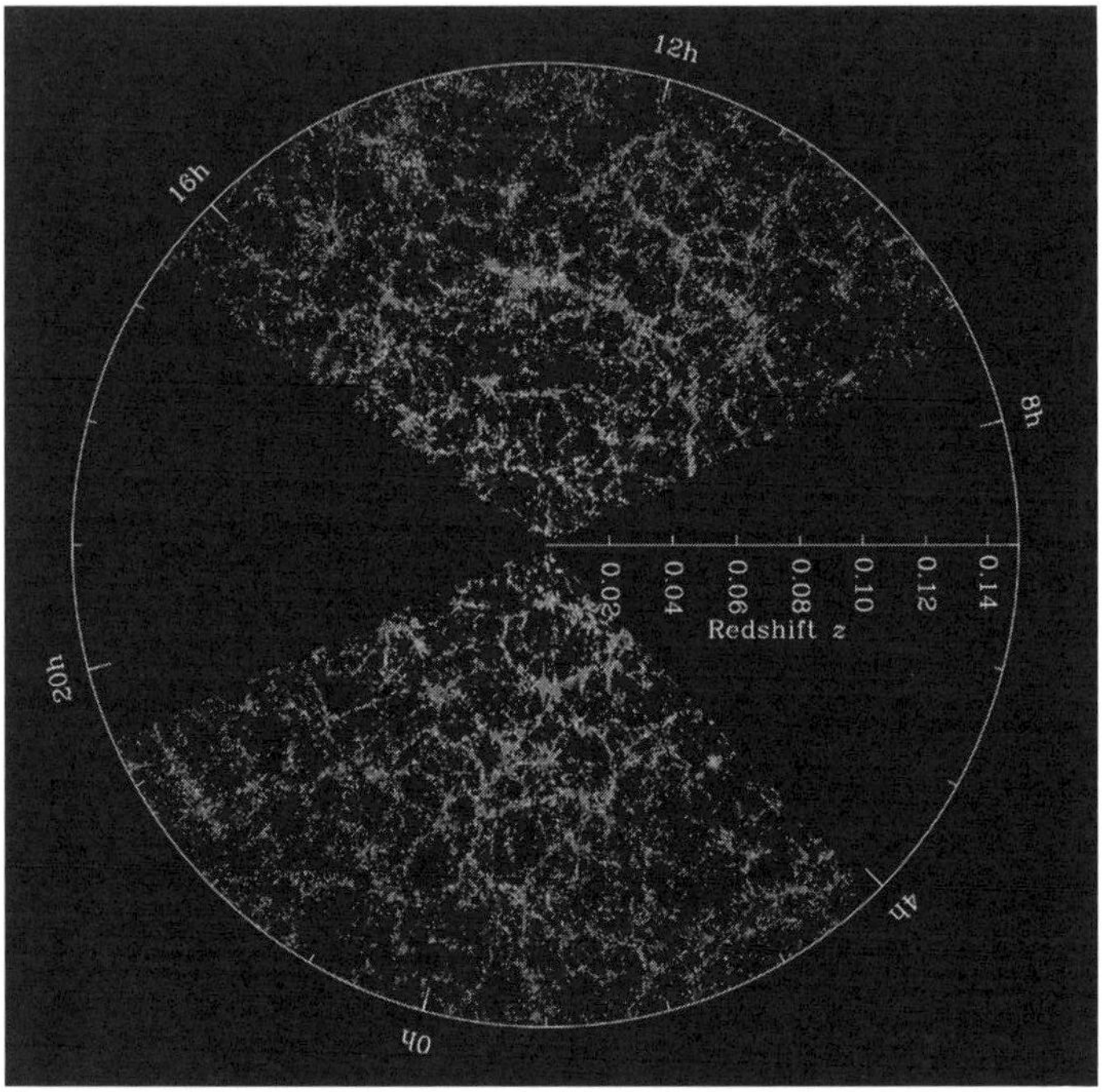

図5-9　宇宙の大規模構造

スローン・デジタル・スカイ・サーベイ（口径2.5メートルの専用反射望遠鏡に巨大なデジタルカメラを搭載して、全天の約1/4を可視光帯で探査したプロジェクト）による宇宙の大規模構造。天の川銀河は図の中央に位置しており、円の端までの距離は20億光年。ひとつの点が一個の銀河に対応しています。（SDSS）

20億光年以内の宇宙地図です。銀河は宇宙に均等に分布しているわけではなく、集団で存在している場所(銀河団)と銀河のほとんど存在しない場所(ボイドと呼ばれます)が「入れ子状」に分布している様子が見えています。そして、この様子は、図5-8の右下の様子と同じようになっていることがわかります。

銀河も生まれたときは赤ちゃんだった

なぜ、銀河は生まれにくくて、育ちにくいのでしょうか？　それは先ほど述べたように、重力が非常に弱い力だからです。そして、もうひとつ理由があります。それは、銀河の「種」が非常に小さくて軽かったためです。銀河も生まれたときは、可愛い赤ちゃんだったのです。

ここで、銀河の「種」を見てみましょう(図5-10)。これはビッグバンの名残である宇宙マイクロ波背景放射の全天地図です(コラム2とコラム3を参照)。宇宙の年齢はまだ38万年の頃です。

この図に見られる濃淡は、温度の違いです。平均温度は3K(ケルビン)です。ケル

図5-10　ビッグバンの名残である宇宙マイクロ波背景放射の全天地図
宇宙の年齢はまだ38万年の頃です。（Planck衛星）

ビンは絶対温度ですが、0K＝マイナス273℃の関係になっています。つまり、この図で見える宇宙の平均温度はマイナス270℃だということになります。極低温の世界です。

この図では、温度のムラの程度が見やすくなるように強調されています。しかし、実際の温度のムラは10万分の1程度しかありません。平均値を1とすると、この図に表されている値は1±0・00001という狭い範囲にあるのです。

温度のムラは密度のムラに対応しています。したがって、この図に見られるムラが銀河の「種」なのです。天の川銀河の「種」もこの図のどこかにあることになります。

この小さなムラから現在観測されるような巨大で大質量の銀河を造るのです。いかに大変かがわかると思います。

図５-８に銀河の誕生と進化のシミュレーションを示しましたが、シミュレーションの初期条件は宇宙マイクロ波背景放射の揺らぎが採用されています。

ダークマターは冷たい

さて、ダークマターの重力に誘われて銀河が誕生し、進化してきました。このとき、ダークマターの性質にひとつだけ要求されることがあります。それはダークマターの温度です。ダークマターは未だに正体不明ですが、いくつか要求されることがあります。まず、ダークということは、電磁波ではいっさい観測されないことです。そのため、電気的には中性であることが要求されます（電荷を持っていないということです）。次に、重いことです。コラム１にあるように、原子物質の数倍の質量密度を持っています。また、当然のことですが、普通の物質のように重力相互作用をします。宇宙全体に存在していますが、大きな構造のほうを好んでいるようです。つまり、銀河よりは銀河団のほうで、より多く分布しています。寿命は宇宙年齢以上にないと困ります。銀河の誕生と進化を担ってきたからです。これからも、その役目は続くはずです。

そして、温度です。ここでいう温度は、どのような速度で宇宙の中を運動しているかということです。天文業界の約束事ですが、光の速度（宇宙で最大の速度）で運動しているものは「ホット（熱い）」であると分類されます。銀河に関係する速度（例えば渦巻銀河の回転速度）は秒速数百キロメートルです。銀河の誕生と進化を担うためには、ダークマターもこの程度の速度で運動しなければなりません。そして、このような速度で運動するものは「コールド（冷たい）」と分類されます。したがって、本書に出てくるダークマターはコールド・ダークマター（cold dark matter なので CDM と略されます）という位置づけになります。

ダークマターの宇宙地図を作る

図5-8のシミュレーションを見ると、確かにダークマターがないと、銀河や宇宙の大規模な構造の形成は説明できないことがわかります。第4章4-2節で見たように、渦巻銀河の回転運動を説明するにはダークマターの存在が必要です。つまり、ダークマターの

観測的証拠が見つかっています。しかし、まだ物足りない感じがします。つまり、宇宙を広く観測して、銀河とダークマターの空間分布が一致していれば、ダークマターが本当に銀河の誕生を誘ったと判断できます。

銀河の空間分布は観測すればわかります。しかし、「見えない」ダークマターの空間分布を調べるのは容易ではありません。ところが、私たちの住んでいる宇宙は、心優しいのです。調べる方法を授けてくれるのです。その方法は「重力レンズ効果を使う」ことです。

先ほど、一般相対論によれば、地球は太陽の質量が作る時空の歪みに沿って運動していることで、地球の公転運動が説明できるという話をしました（図５-７）。これは、質量の大きな天体があると、その周辺の時空は歪められることを意味しています。その時空を光が通過すると、地球のように進路が曲げられます。これを「重力レンズ効果」と呼びます。

アインシュタインの一般相対論に基づいて、ロシアのオレスト・ダニーロヴィッチ・フヴォリソンが１９２４年に提案したアイデアですが、アインシュタインは「原理的にはありうるが、この宇宙では観測されないだろう」と語っていたそうです。

ところが、１９７９年に発見されて以来、どんどん重力レンズ効果が見つかり始めました。その例を見てみましょう（図５-11）。銀河団エーベル２２１８は約23億光年彼方にあ

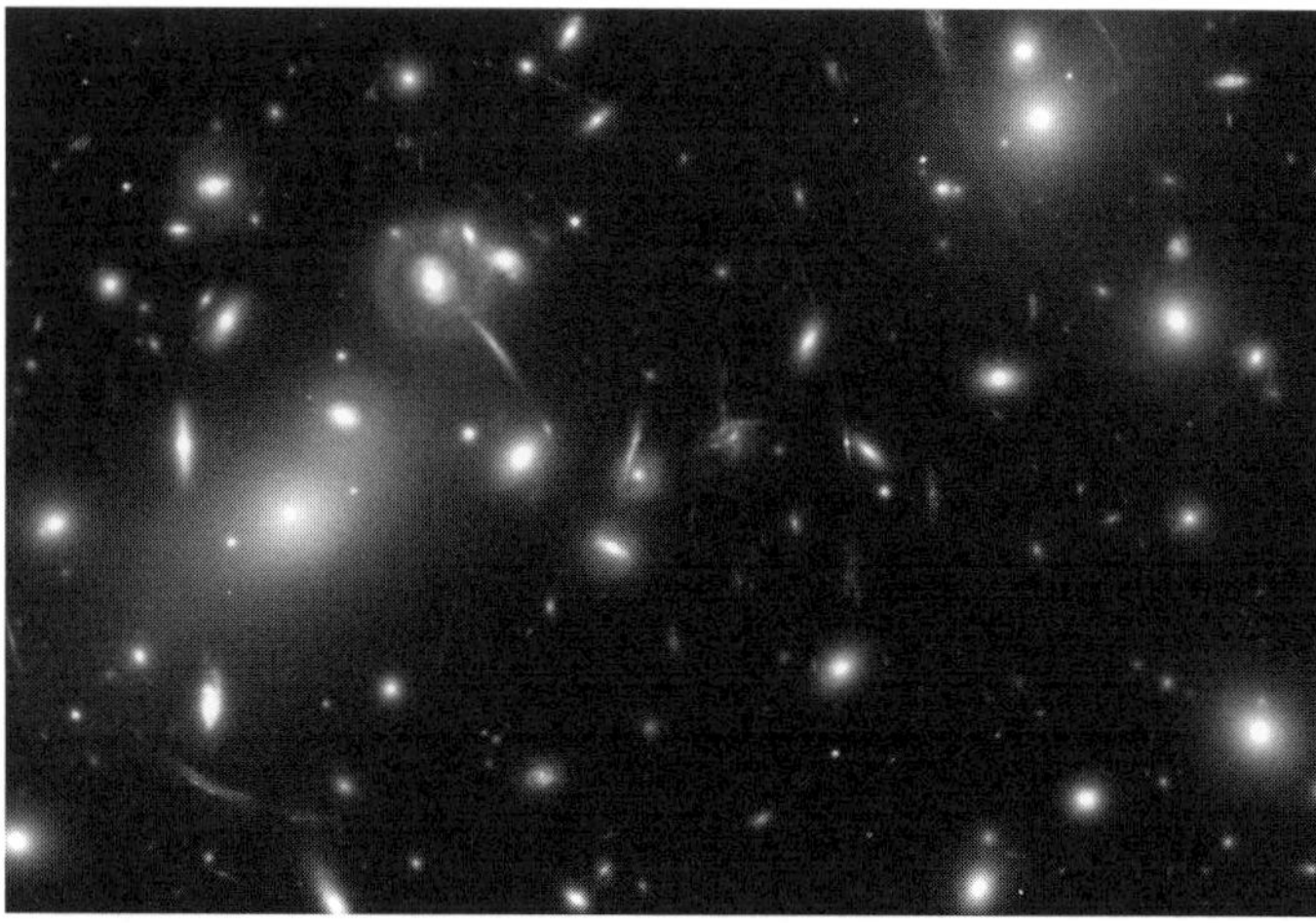

図5-11　銀河団エーベル2218で発見された重力レンズ現象

(STScI/NASA)

る銀河団ですが、この写真にはアーク状の不思議な構造がたくさん見えています。これらの構造はエーベル２２１８の中にある銀河ではなく、もっと遠くにある銀河がエーベル２２１８のもたらす重力レンズ効果で見えているものです。

　銀河団エーベル２２１８には銀河が数千個もあり、非常に重いので周辺の時空は大きく歪んでいます。そのため、銀河団の背後にある銀河の光が重力レンズ効果で曲げられ、私たちに観測されます。

　そのようなレンズ像は、銀河団エーベル２２１８と遠方銀河の見える方向、銀河団エーベル２２１８内の物質分布の形状などでさまざまな形状で観測されます。そのため、アークのような構造が多くなります。もし、銀河団エーベル２２１８の物質分布の中心と遠方銀河の見える方向が一致していて、銀河団エーベル２２１８内の物質分布の形状が球形であると、レンズ像はリングとして観測されます（アインシュタイン・リングと呼ばれます）。

重力レンズでダークマターの居場所を探る

重力レンズと聞くと難しい印象を持ちますが、普通の光学レンズ（虫眼鏡）だと思っても大丈夫です。虫眼鏡で虫を観察したとしましょう。そのとき、虫の見え方は虫眼鏡の倍率、そして虫眼鏡と虫と私たちの目の位置で決まります。

ここで、次のように置き換えてみます。

虫眼鏡＝銀河団エーベル２２１８
虫　　＝銀河団より遠方にある銀河
倍率　＝銀河団の質量

つまり、遠方の銀河の重力レンズ像を詳しく調べると、銀河団の質量や質量分布がわかります（もちろん、銀河団と銀河までの距離を知る必要があります）。ここで大切なことは、銀河団の質量は銀河の中にある星ではなく、銀河団の中にあるダークマターが大半を担っている、ということです。そのため、重力レンズ効果を使うと、銀河団の中や周辺のダークマターの地図が出来上がるのです。

宇宙進化サーベイ

この手法を使って、ダークマターの宇宙地図が２００７年に発表されました。この成果はハッブル宇宙望遠鏡の基幹プログラム「宇宙進化サーベイ（通称、コスモスプロジェクト）」で得られたものです。このサーベイでは満月９個分の広さの天域を観測し（図5-12）、なんと１００万個もの銀河の詳細なデータを得ました。銀河の距離を決める観測には、すばる望遠鏡が使われました。

そして、得られたダークマターの宇宙地図が図5-13です。この観測では80億光年彼方の宇宙まで見ています。雲のように見えるのがダークマターの空間分布です。

図5-12　すばる望遠鏡の主焦点カメラSuprime-Camで撮影した天域

1.4度×1.4度（2平方度）の広さをカバーしています。比較のために、月の写真をオーバーレイしてあります。（著者提供）

ダークマターと銀河の空間分布を簡単に比較するために。両者の分布を天球面に投影したものが図5-14です。両者の分布はよく合っていることがわかります。実際に調べてみると、銀河はダークマターの雲の中に分布しています。この観測によって、銀河の誕生と進化はダークマターが担ってきたことが、初めて観測的に立証されたのです。

詳細については拙著『宇宙進化の謎』（講談社ブルーバックス、２０１１年）、『銀河宇宙観測の最前線：「ハッブル」と「すばる」の壮大なコラボ』（海鳴社、２０１７年）を参照してください。

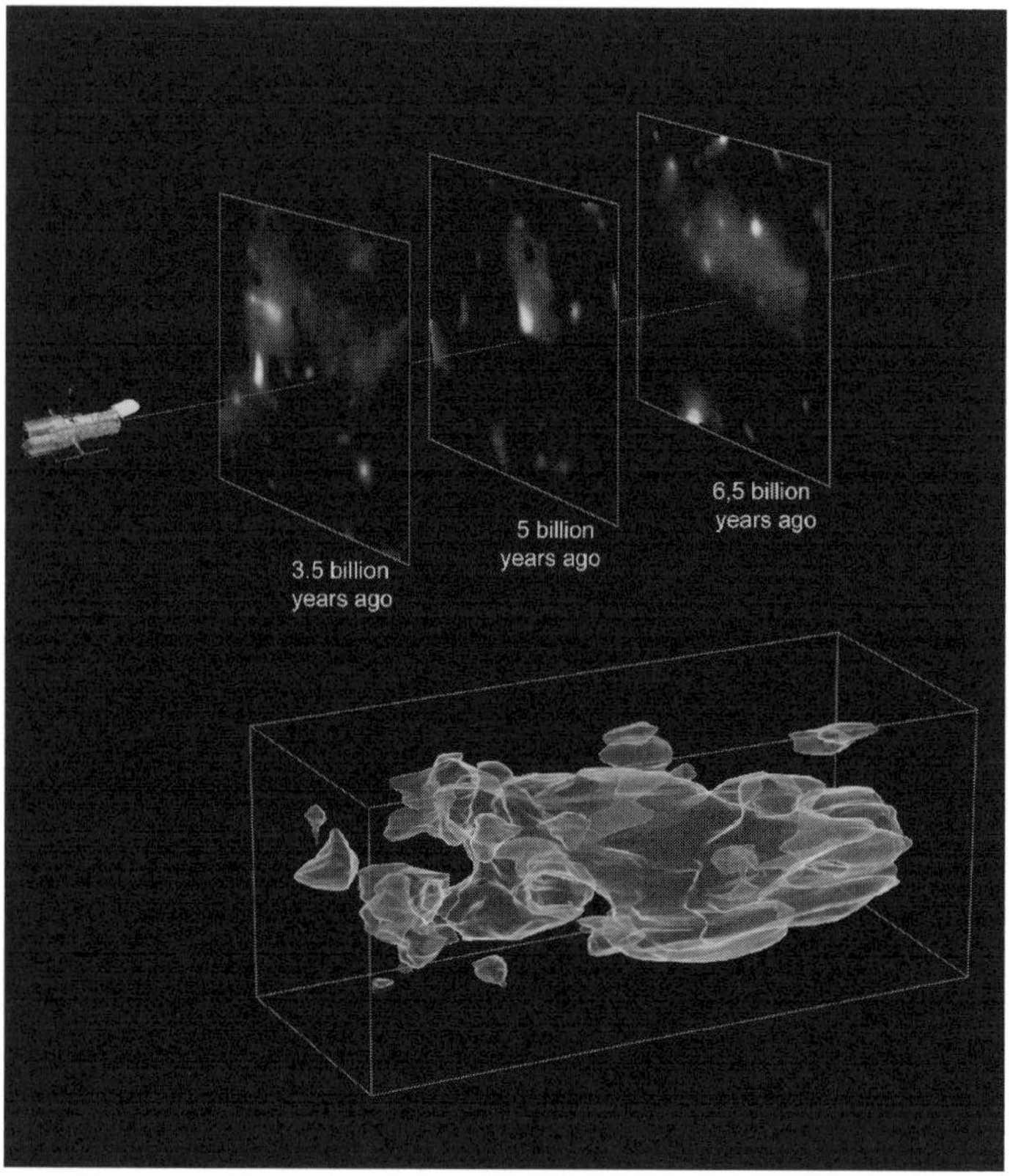

図5-13　世界初のダークマターの3次元マップ

奥行きは約80億光年。80億光年先で、2.4億光年四方の広がりに相当。上には左から35億光年、50億光年、65億光年でのダークマターの分布が示されています。（STScI）

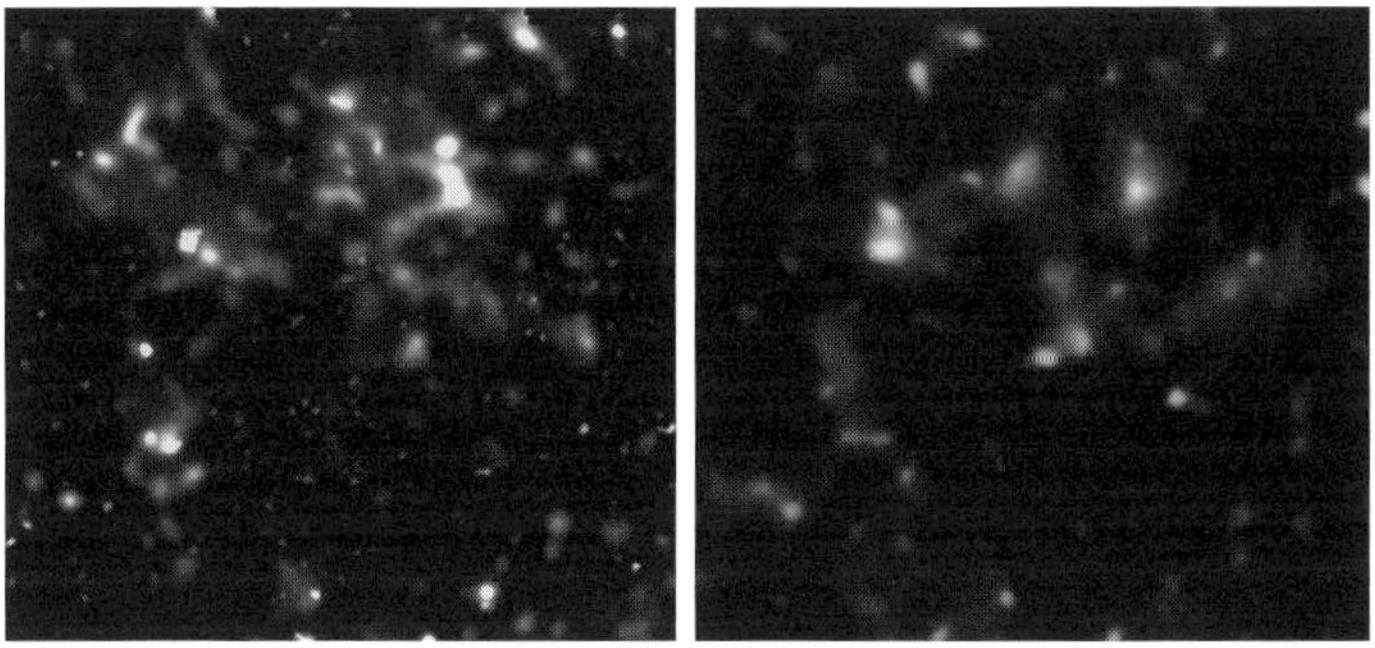

図5-14　天球面に投影した、銀河（左）とダークマター（右）の分布の比較
（STScI）

みんな仲良く黒い服

このようにして、銀河の誕生と進化の謎が解き明かされてきました。答えは、正体不明のダークマターがすべてを取り仕切っていたということです。

銀河そのものはさまざまな形をして、私たちを楽しませてくれます。しかし、それぞれ黒い、大きな服を着ています。それが、ダークマター・ハローです。ダークマター・ハローの形は銀河の形によらず、ほぼ同じです。球のような形をしているのです。

どうも銀河は仲良しのようです。大きく

て重い銀河のほうが、ダークマター・ハローも大きく重くなっています。しかし、質は一緒です。ダークマターの正体が未知の素粒子であるとすれば、一種類の素粒子である可能性が高いからです。

私たちは服の素材にもこだわることがありますが、銀河はまったくこだわっていません。皆、一緒に、同じ素材の黒い服を選んでいるからです。

1兆個もある銀河が、色（黒）も形（球）も同じ服を着ている。結局、あまり「欲をかいてはいけない」ということでしょうか。

第6章

渦巻銀河に見る銀河の生き方

6-1 回って過ごす渦巻銀河

回る渦巻

渦巻銀河は回転しています。回転したくて回転しているというよりは、回転は渦巻銀河の宿命です。そして、渦巻銀河がどのようにしてできてきたかと関連しています。

銀河でも星でも惑星でもそうですが、天体には基本的な「量」があります。

・形
・大きさ
・質量
・角運動量

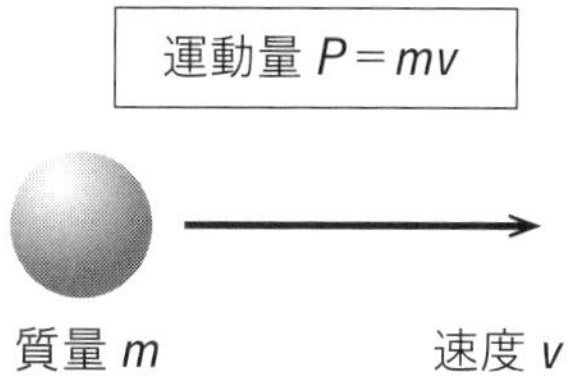

図6-1　運動量の説明

です（このうち、質量と角運動量は天体内での分布も重要になりますが、とりあえずそれは無視しておきます）。

ここで角運動量は、簡単に言えば「回転する能力」のことです。定義では「運動量のモーメント」です。

まず、運動量を説明しておきます。運動量Pは質量mの物体が速度vで運動しているとき、$P=mv$で与えられる物理量です（図6-1）。質量が大きいほど、そして速度が速いほど運動量は大きくなります。ここでmは大きさだけを持つ物理量（スカラー量と呼ばれます）ですが、Pとvは大きさだけでなく、方向も重要です（ベクトル量とよばれます）。

スカラー量とベクトル量を区別するために、ベクトル量は太字にしてあります。また、測定できる量はイタリック体で表します。三つの量はすべて測定できるので、イタリック体にしてあります。

回転する能力

角運動量はこの運動量の前に「角」がついています。先ほど述べたように、角運動量は運動量Pのモーメントです。ここでモーメントは、距離とある物理量をベクトル的に掛け合わせたものです（外積と呼ばれます）。結局、運動量Pに直交する位置ベクトルの腕の長さ$r\cos\theta$を掛けたものが角運動量の大きさになります（θは位置ベクトルrの方向とX軸のなす角度）。腕の長さが長いほど、そして運動量が大きいほど、角運動量の大きさは大きくなります（図6-2）。

さて、ここであえて角運動量の説明をしたのは、宇宙にあるすべての天体は、大なり小なり角運動量を持っているからです。つまり、回転しているのです。地球は24時間で1回転しています（自転）。また、太陽も25日かけて自転しています。

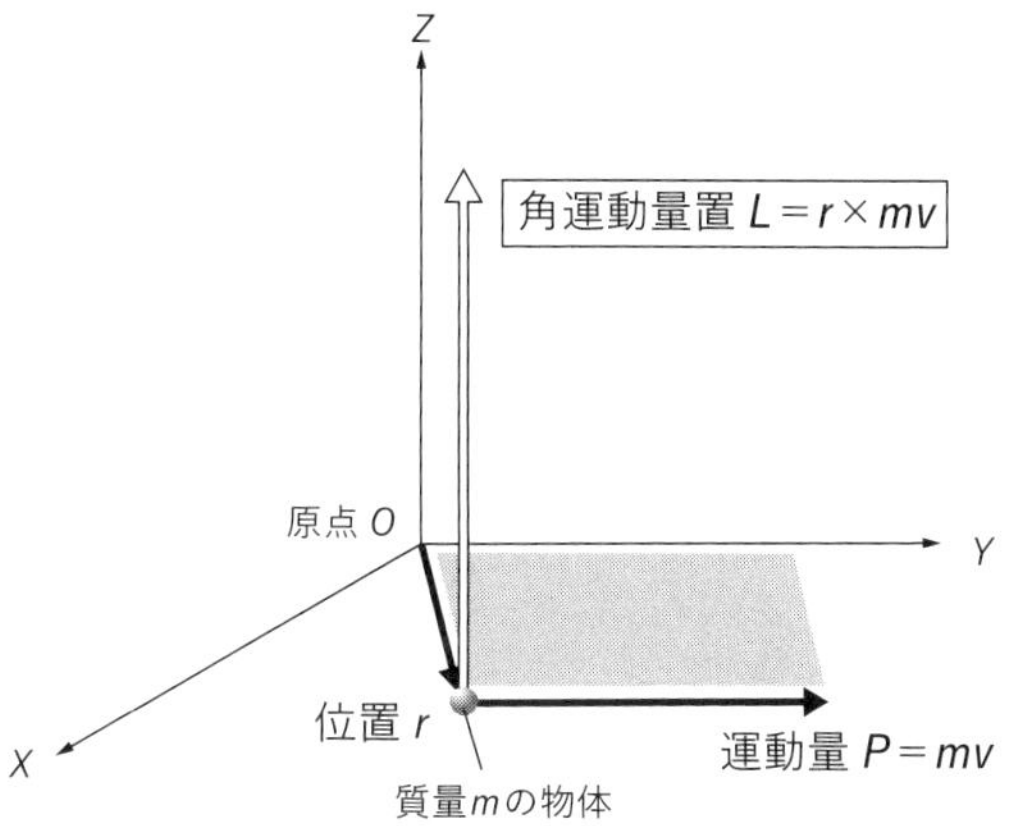

図6-2　運動量の説明

X-Y平面上で原点からの距離 r の位置に質量 m の物体があり、Y軸方向に速度 v で運動している場合を示してあります。角運動量 L は位置ベクトル r と運動量ベクトル P と直交する方向に現れ、その大きさは位置ベクトルと運動量ベクトルの作る平行四辺形の面積になります。

では自転の起源は何でしょうか？　地球と太陽の自転の起源は異なっています。太陽のような星はガス雲の中で生まれます。おそらく、ガス雲の持っていた角運動量が残されて、太陽を自転させていると考えてよいでしょう。一方、地球の場合は、地球が生まれたときに起こった多数の太陽系内の小天体（小惑星のようなものをイメージしてください）の合体の結果、地球が自転していると考えられます。

渦巻銀河はなぜ回っているのか？

では、なぜ銀河は回転（自転）している

のでしょうか？　基本的には二つの可能性があります。

自力本願説：銀河が生まれた巨大ガス雲が角運動量を最初から持っていた（図6-3）。

他力本願説：最初に生まれた銀河の「種」は角運動量を持っていなかった。しかし、引き続いて起こる、銀河の「種」同士の合体の結果、角運動量を持つようになった（図6-4）。

銀河の歴史（コラム3）を考えると、他力本願説のほうが正しいようです。二つの天体（星でも銀河でもよい）が合体するとき、二つの天体はお互いの周りを軌道運動しながら合体していきます。天体が軌道運動すると、それに伴う角運動量を持ちます。軌道角運動量と呼ばれるものです。合体したときには、この軌道角運動量が合体した天体の角運動量に取り込まれてしまうのです。

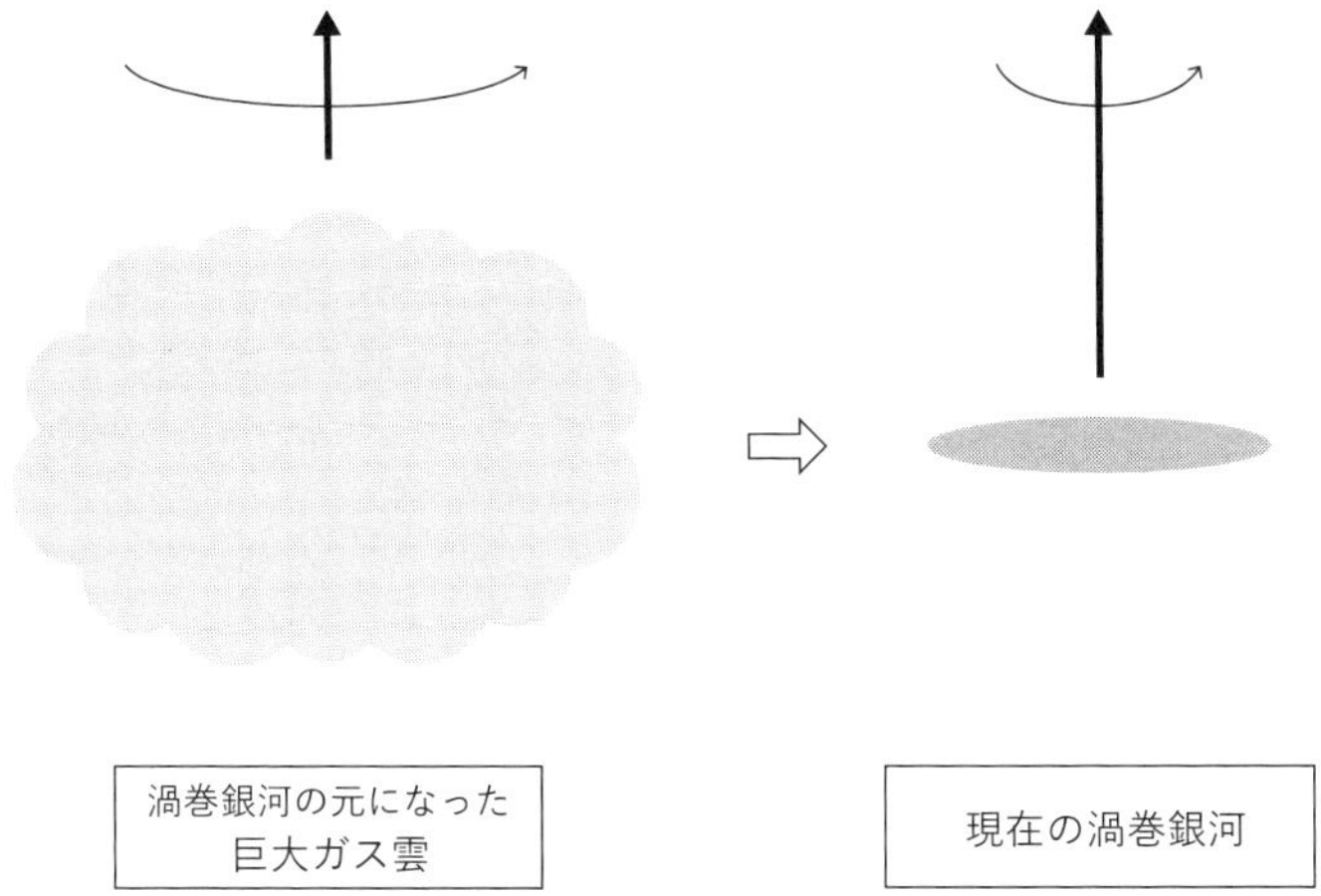
渦巻銀河の元になった
巨大ガス雲
現在の渦巻銀河

図6-3　渦巻銀河の角運動量の起源：自力本願説

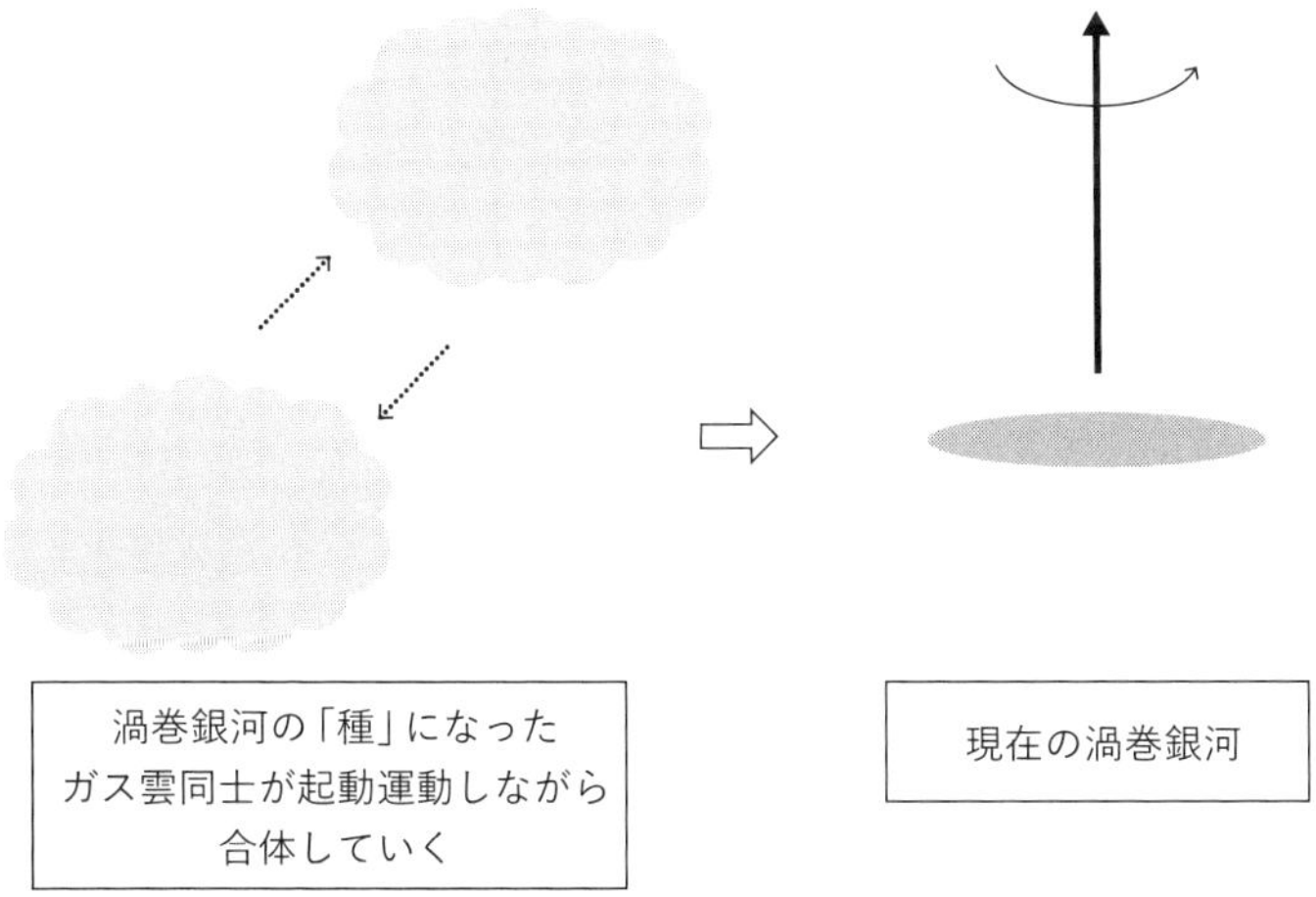
渦巻銀河の「種」になった
ガス雲同士が起動運動しながら
合体していく
現在の渦巻銀河

図6-4　渦巻銀河の角運動量の起源：他力本願説

6-2 そして天の川も回る

天の川の地図を作る

私たちの住む天の川銀河の姿については、第3章で見ました（図3-4）。とても美しい棒渦巻銀河でした。この姿を見るには、可視光の観測は不向きでした。なぜなら、天の川の円盤部には大量のダストがあるため、遠くまで見通すことができないからです。そのため、水素原子ガスの放射する波長21センチメートルの電波の輝線を利用していました。

電波で放射される強い輝線は水素原子ガスの放射する波長21センチメートルの輝線だけではありません。水分子（水蒸気）の放射する輝線を使う方法もあります。その観測は、実は日本国内で行われています。国立天文台・水沢ＶＬＢＩ観測所が行ってきているＶＥＲＡ（ヴェラ）と呼ばれるプロジェクトです。

電波干渉計を使えば月面にあるゴルフボールが見分けられる

観測所の名前にＶＬＢＩという耳慣れない言葉が入っています。これは超長基線電波干渉計（very long baseline interferometer）のことですが、日本語にしても耳慣れないことには変わりありません。

電波の観測というと、パラボラアンテナを思い浮かべると思います。ＶＬＢＩでも同様にパラボラアンテナが使われます。ところが、使われるアンテナは1台ではありません。少なくとも2台以上のアンテナを組み合わせて観測するシステムです。電波は波長が長いため、1台のアンテナでは解像力が低く、ピンボケの写真しか撮れません。しかし、アンテナを離して設置すると、アンテナ間の距離が電波望遠鏡の口径になります。つまり、1キロメートル離して観測すると、口径1キロメートルの電波望遠鏡になるのです。口径が大きくなるので、当然解像度はよくなります。

2019年4月に「おとめ座銀河団」にある巨大楕円銀河の中心に潜むブラックホールの撮影に成功したのは「事象の地平線望遠鏡」と名付けられた地球規模のＶＬＢＩで

した。月面にあるゴルフボールを見分けられる解像度を誇るＶＬＢＩだったので、観測に成功したのです。この観測には国立天文台・水沢ＶＬＢＩ観測所の方々も大いに貢献しました。

真実を追求するＶＥＲＡ

では、ＶＥＲＡの話に戻りましょう。ＶＥＲＡは４台の口径20メートルのパラボラアンテナで構成されています。しかし、岩手県の水沢に４台あるわけではありません。４カ所に分かれて設置されているのです。岩手県の水沢、鹿児島県の入来、沖縄県の石垣島、そして東京都の小笠原です（図6-5）。

一番離れているのは水沢と石垣島ですが、距離は２３００キロメートルです。つまり、ＶＥＲＡの電波望遠鏡としての口径は２３００キロメートルもあるのです。このシステムで水分子や一酸化ケイ素の放射する輝線（周波数はそれぞれ22ギガヘルツと40ギガヘルツ）を観測すると、天体の位置の測定精度はなんと10マイクロ秒角になります。１秒角は１／３６００度です。マイクロは１００万分の１なので、１秒角の10万分の１という高い精

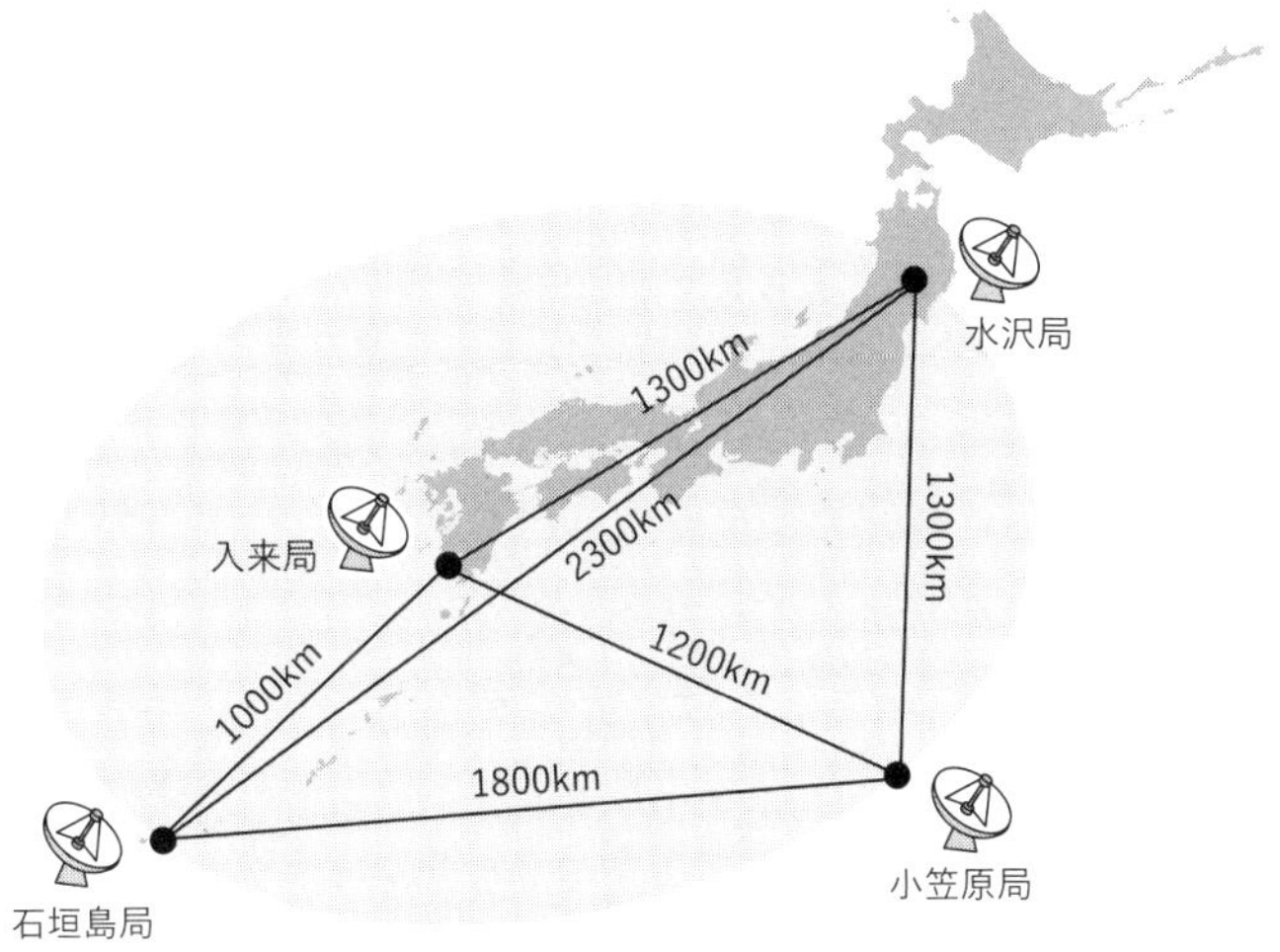

図6-5　VERAでアンテナが設置されている場所
https://www.miz.nao.ac.jp/veraserver/system/index.htmlより作成

度で位置測定ができます。

ＶＥＲＡのターゲットはガス雲ではありません。観測する水分子はガスですが、星の外層部にあるガスです。天の川銀河の中にはＶＥＲＡで観測できる星が約１０００個もあります。これらの星までの距離を三角測量の原理で観測するのがＶＥＲＡです。ちなみにＶＥＲＡはラテン語で「真実」を意味します。つまり、ＶＥＲＡを使って天の川銀河の真実を見極めようということです。大変洒落たネーミングになっています。

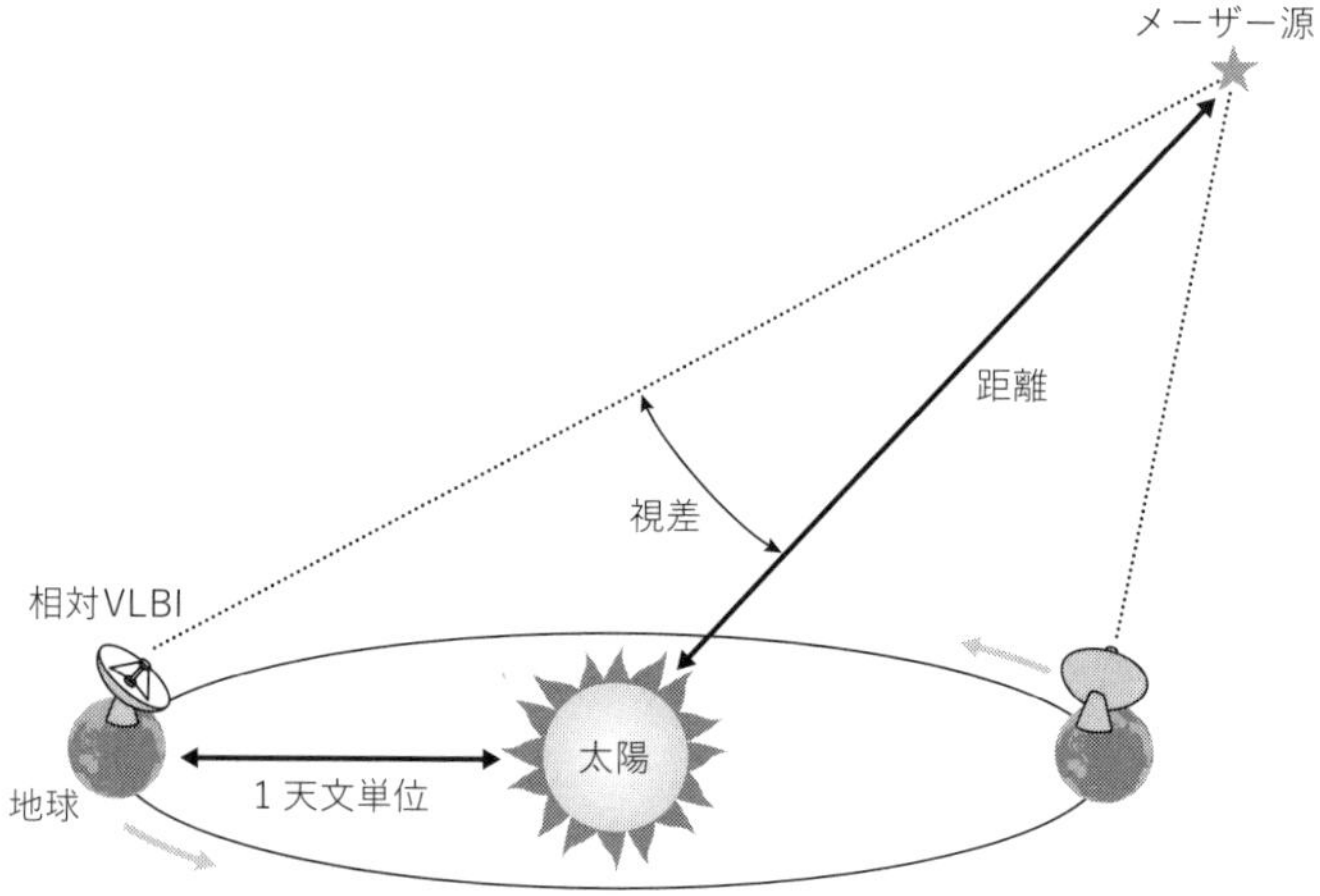

図6-6　VERAで行う星の三角測量（年周視差）の原理

メーザー源は水分子や一酸化ケイ素の輝線を放射している星。
https://www.miz.nao.ac.jp/veraserver/outline/vera2.htmlより作成

地球の公転運動を使う三角測量

さて、三角測量という言葉が出てきましたが、実際にどのような観測を行うのか見てみましょう（図6-6）。

地球は1年かけて太陽の周りを公転運動しています。二つの時期（例えば春と秋）にひとつの星を観測すると、図6-6のように観測される方向がわずかにずれます。そのずれの角度pを年周視差と呼びます。

地球と太陽の距離は約1億5000万キロメートル（1天文単位と呼ばれます）あります。太陽と星までの距離をdとすると、

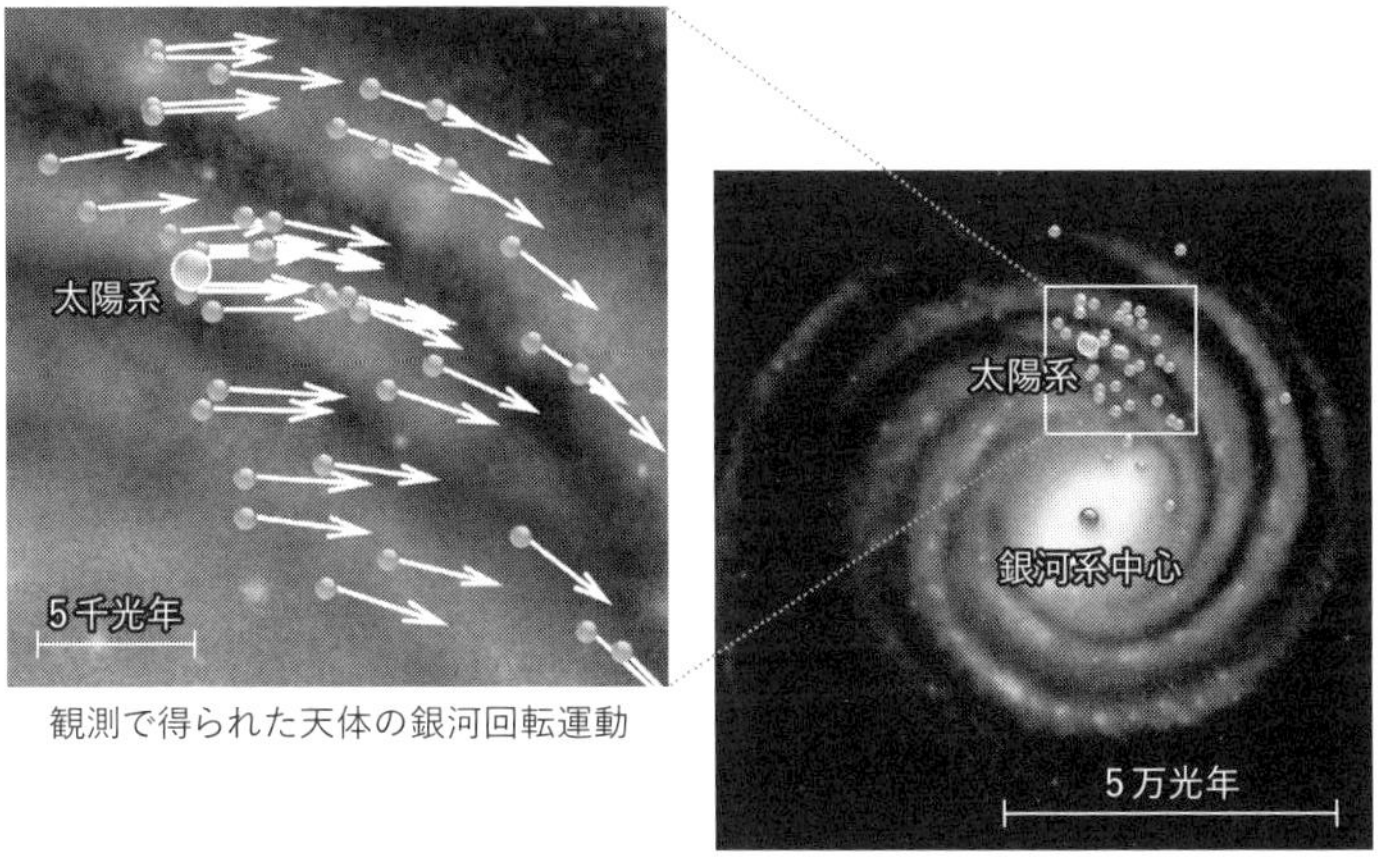

観測で得られた天体の銀河回転運動

精密測量された52天体の分布

図6-7　VERAの観測で判明した天の川銀河の回転運動

（国立天文台・水沢）
http://www.miz.nao.ac.jp/vera/sites/www.miz.nao.ac.jp.vera/files/52MSFR.jpg

$$\tan p = \frac{1\text{億}5000\text{万キロメートル}}{d}$$

の関係があるので、年周視差pを求めると、星までの距離dがわかることになるのです。

回る天の川

ＶＥＲＡの初期成果は２０１３年に公表されました。その際、測定した52個の星のデータから天の川銀河の回転する様子がわかりました（図6-7）。ＶＥＲＡの高い観測能力のおかげです。

6-3 1回転に2億年

回転速度は時速90万キロメートル

VERAによる天の川銀河の星々の精密な距離と運動速度の測定のおかげで、他にも重要なことがわかってきました。二つあります（図6-8）。

まず、太陽と天の川銀河の中心との距離です。26100光年であることがわかりました。そして、太陽の回転速度です。こちらは秒速240キロメートルです。時速に直すと、なんと約90万キロメートルです。

太陽の回転速度は、これまで秒速220キロメートルだとされてきました。今回の新たな測定値はそれより秒速20キロメートルも速い値になりました。この速度上昇分を説明するには、円盤部のダークマターの量が約20％も多くないといけません。

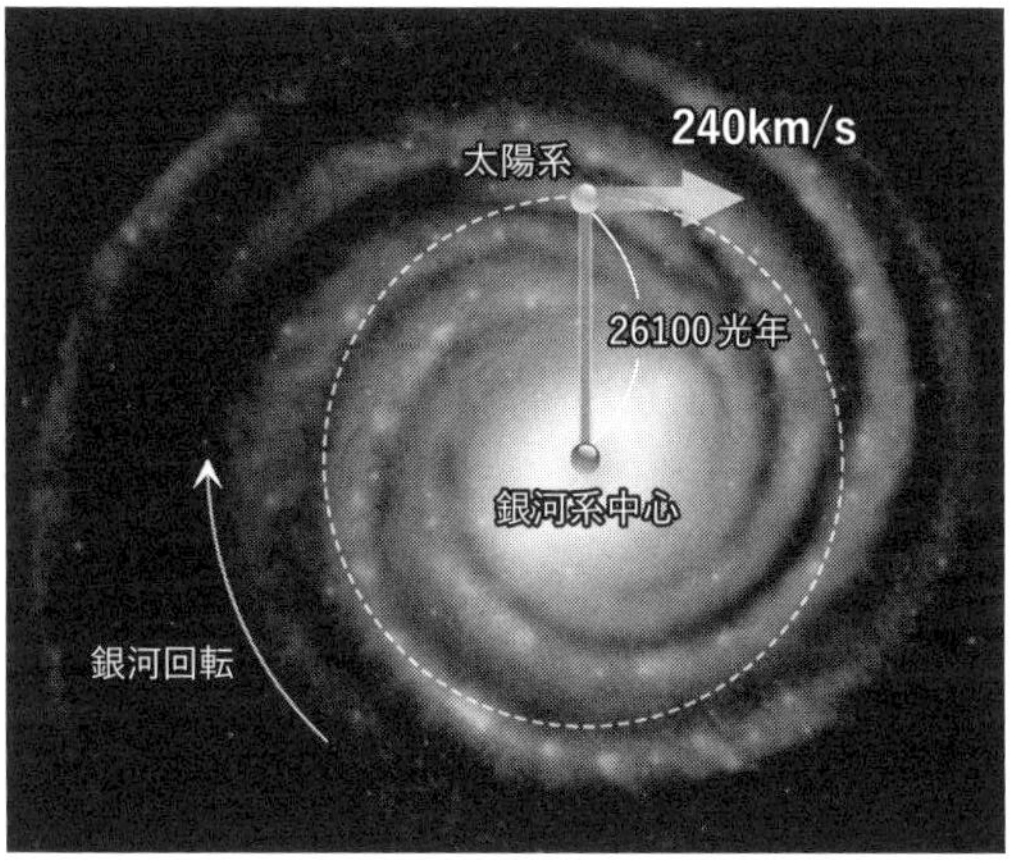

図6-8　VERAの観測で判明した天の川銀河の回転運動と銀河中心までの距離
（国立天文台・水沢）
https://www.miz.nao.ac.jp/veraserver/hilight/2012press_honma.html

ところで、秒速２４０キロメートルという回転速度はかなり速い印象を与えます。実際、時速に換算すると、なんと約90万キロメートルという速度でした。

東北新幹線の「はやぶさ」号の時速は３２０キロメートルですから、その２８００倍です。やはり、とんでもない速度で回転している感じがします。

では、一周するのにどのぐらいの時間が必要なのでしょうか？　ちょっと計算してみましょう。天の川銀河の自転周期をTとすると、

$$T = \frac{2\pi R}{V} = 2.1\text{億年}$$

となります。ここでRは太陽と天の川銀河の中心との間の距離で、Vは太陽の回転運動の速度です。

太陽系46億年の歴史とこれからのこと

この回転周期を考えると、今から約2億年前には太陽系は1回転前と似たような場所にいたことになります。その頃、地球ではジュラ紀が始まった頃で、恐竜が闊歩《かっぽ》していた時代です。今は人類が闊歩していますが、もう1回転したら（約2億年後）、地上には何がいるのでしょうか？　果たして、まだ人類が闊歩しているかどうか、やや心配になるところです。

太陽系は46億年前に生まれました。最初の6億年間は冥王代と呼ばれる時代ですが、その間に天の川銀河は3回転しています。その後の15億年は太古代（始生代）ですが、その間に7回り半しています。いずれにしても、太陽系の誕生以来、もう20回以上も銀河系中心の周りを回ったことになります。

宇宙年齢は現在138億年ですが、銀河の「種」が生まれたのは宇宙年齢が2億年の頃だと考えられています（コラム2）。天の川銀河が現在のような大きさまで育ったのは、今から数十億年前です。仮に、現在のような回転が130億年続いていたとすると、回転した回数は60回以上です。天の川銀河も、ずいぶん頑張ってきたのだなあと、感心してしまいます。

天の川銀河が孤立系として生きている限り、角運動量は消えません。角運動量が減少するには、それを受け渡す相手がいないと不可能だからです。

天の川銀河はこれからも回り続けるわけですが、数十億年後にはアンドロメダ銀河と衝突して合体していきます。その後は、また違った生き方をするようになりますが、それについては第10章で見ていくことにします。

6-4 一仕事に10億年

銀河の生活

銀河はいったいどのような生活をしているのでしょうか？　ちゃんと仕事をしているのか、気になるところです。

天の川銀河など、現在観測される銀河は星の大集団です。しかし、最初は巨大なガス雲であり、星は1個もありませんでした。天の川銀河には、現在約２０００億個の星があるので、１３０億年以上の時間をかけて、ガスから星を産み出してきたことになります。単純計算では２０００億個／１３０億年＝15個／年の割合（星生成率）になります。

天の川銀河は棒渦巻銀河で、10万光年もの大きさの円盤があります。このような巨大できれいな円盤が最初からあったわけではありません。現在の天の川銀河を観測すると、星

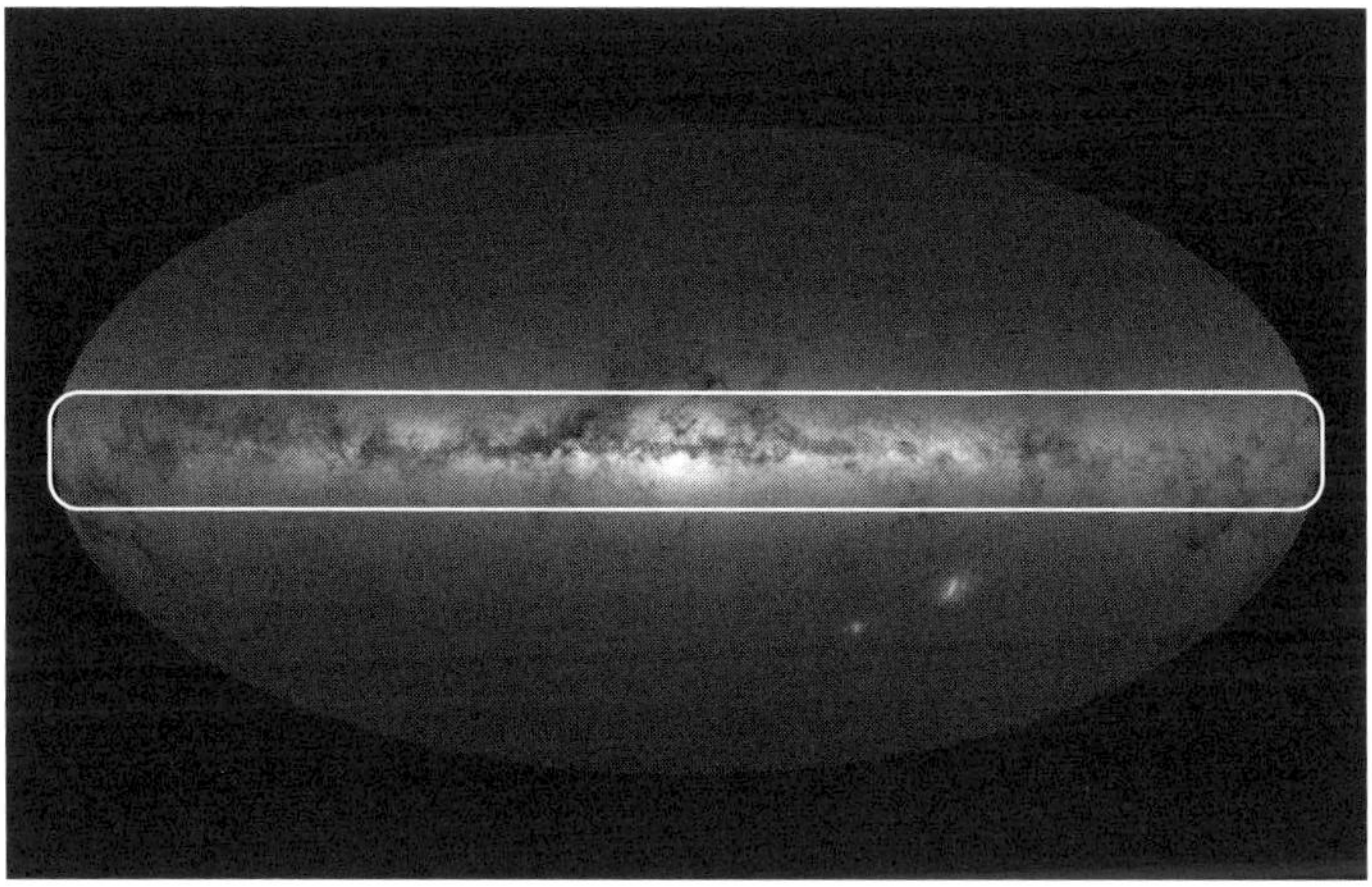

図6-9　星々が生まれている天の川銀河の円盤(白い線で囲われた領域)

GAIA衛星による全天写真：(ESA/GAIA/DPAC) http://sci.esa.int/gaia/60169-gaia-s-sky-in-colour/

が生まれているのは、この円盤の中です(図6-9)。そこで、どのように星々が円盤の中で生まれているのか、考えて見ることにしましょう。

星を造って100億年

天の川銀河の写真(図6-9)を見ると、円盤に沿って暗黒星雲がずっと見えています。暗黒星雲の正体はダストを含むガス雲ですが、主な成分は冷たい分子ガス雲です。冷たいところは10K(マイナス263℃)で、星で温められたところでも50K(マイナス223℃)程度でしかありません。極寒の世界ですが、そこが星の故郷です。

このような分子ガス雲は銀河面を含む厚さ400光年以内の領域に存在しています。星は分子ガス雲の密度の高いところ（分子雲コア）で生まれます。このコアは自分の重力で縮み、中心部で熱核融合が起きると、星として輝き始めます。このような星の誕生過程を考えると、天の川銀河の中の分子ガス雲の分布や性質を調べることが重要であることに気がつきます。

風の神に祈る

そこで、口径45メートルの世界最大級の電波望遠鏡を擁する国立天文台野辺山宇宙電波観測所では、天の川の大規模な分子ガス雲の探査プロジェクトを立ち上げました（図6-10左）。プロジェクトの名前はＦＵＧＩＮ、日本語の当て字は「風神」です。

4年の歳月をかけて、天の川銀河の円盤を探査しました。探査した領域の広さは、なんと満月520個分の広さです（図6-11）。

実は、ＦＵＧＩＮプロジェクトでは、この観測を効率よくできるように、新たな分光器を開発したのです。その名前はＦＯＲＥＳＴです（図6-10右）。電波望遠鏡で天体を

図6-10

左：国立天文台野辺山宇宙電波観測所の口径45メートルの電波望遠鏡。 **右**：FUGINプロジェクトのために開発された高性能マルチビーム受信機FOREST。
（提供：天文学辞典、国立天文台野辺山宇宙電波観測所）

観測するとき、焦点を結ぶ位置に一つの受信機を置いて観測します。しかし、FORESTでは同時に4カ所観測できるように工夫が凝《こ》らされています。こういう受信機はマルチビーム受信機と呼ばれます（FORESTの場合は4ビーム）。観測効率が一気に4倍になります。さらなる工夫は、3種類のスペクトル輝線が同時に観測できることです。3種類の分子輝線があると、分子ガス雲の密度と温度を決めることができます（1種類だと、ある範囲でしかわかりません）。

では、FUGINプロジェクトが観測したエリアを見てみましょう（図6-11）。可視光では暗黒星雲があり、暗く見えていま

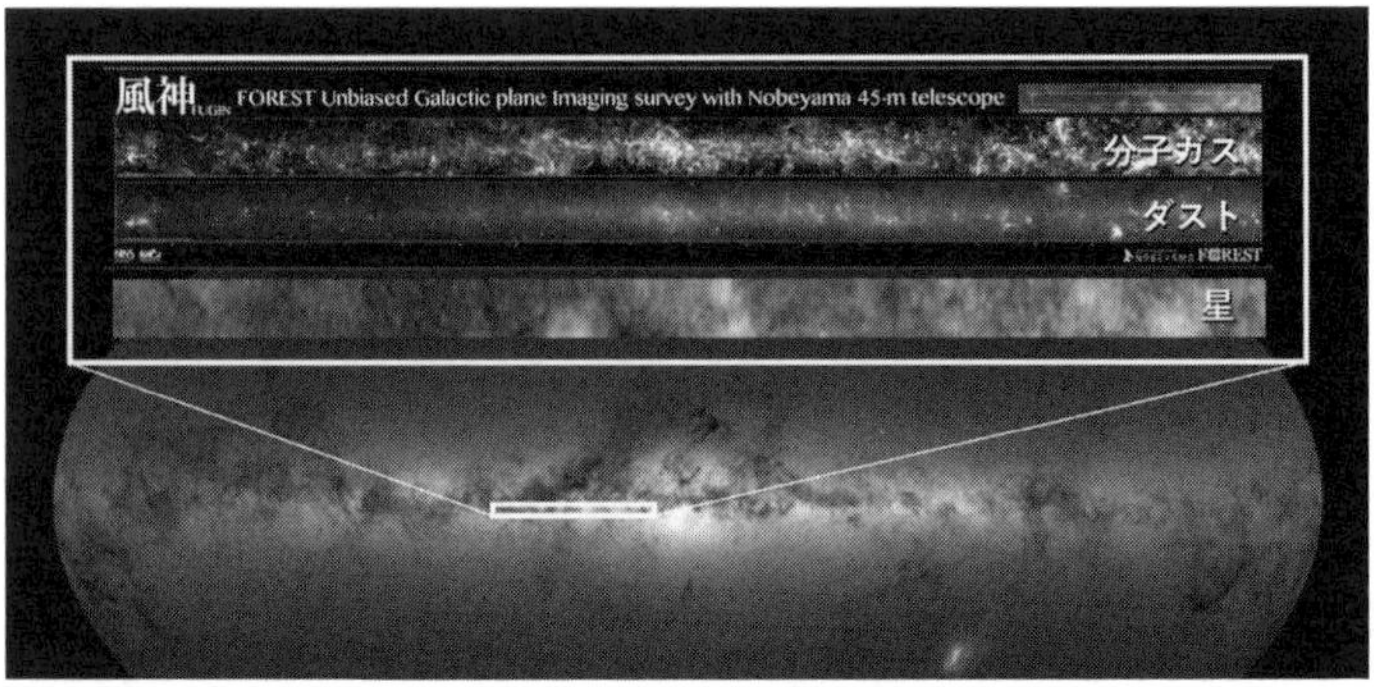

図6-11

FUGINプロジェクトが見た天の川銀河の分子ガス雲の様子（上の囲みの一番上）。比較のためダストの分布（中段）と星の分布（下段）も示してあります。
FUGINのデータ提供：梅本智文（国立天文台・野辺山宇宙電波観測所）
以下も参照してください。
https://www.nro.nao.ac.jp/news/2018/0125-umemoto.html#fugin
GAIA衛星による全天写真：（ESA/GAIA/DPAC）
http://sci.esa.int/gaia/60169-gaia-s-sky-in-colour/

すが、分子で見るとさまざまな構造があることがわかります。暗黒星雲のあるところには分子ガス雲がある。これを見ると一目《いちもく》瞭然《りょうぜん》です。また、可視光の写真で見ると暗いエリアが、電波で見ると、逆にそこが明るく見えるのです。

　分子ガス雲の密度の高い場所で星が生まれるわけですが、どのぐらいの時間をかけて星は誕生するのでしょうか？　また、星が生まれたあとは、どうなるのでしょうか？　ガスから星を造ることが銀河の仕事だとすれば、これらの疑問はとても重要です。

一仕事に10億年かかる宇宙の営み

天の川銀河の円盤には多数の星々があります。また、暗く見えている部分にはたくさんのガスとダストがあり、暗黒星雲として見えています。

銀河の円盤ではガスから星が生まれ、星は死んでガスをまた円盤に返していきます。なかなか律儀ですが、このようなガスと星の輪廻《りんね》が続いて、銀河は進化していくのです。

この様子を図6-12で見てみましょう。銀河の円盤のある場所でガスから星が生まれたとします。その場所でどのような出来事が起こるのかを見てみましょう。巨大分子ガス雲ができる→星の誕生→星の死（超新星爆発）→ガスが冷却して、銀河の円盤に戻るので、また巨大分子ガス雲ができる。この一連のプロセスに約10億年かかります。つまり、約10億年をユニットにして、銀河の円盤ではガス→星→ガスの輪廻が起こっているのです。

お父さんとお母さんが結婚して、子供が生まれる。子供は大人になると、また結婚して、彼らの子供が生まれる。このサイクルは、30年ぐらいでしょうか。銀河の場合にはこのサイクルに10億年かけているわけですから、気長としか言いようがありません。しかし、銀

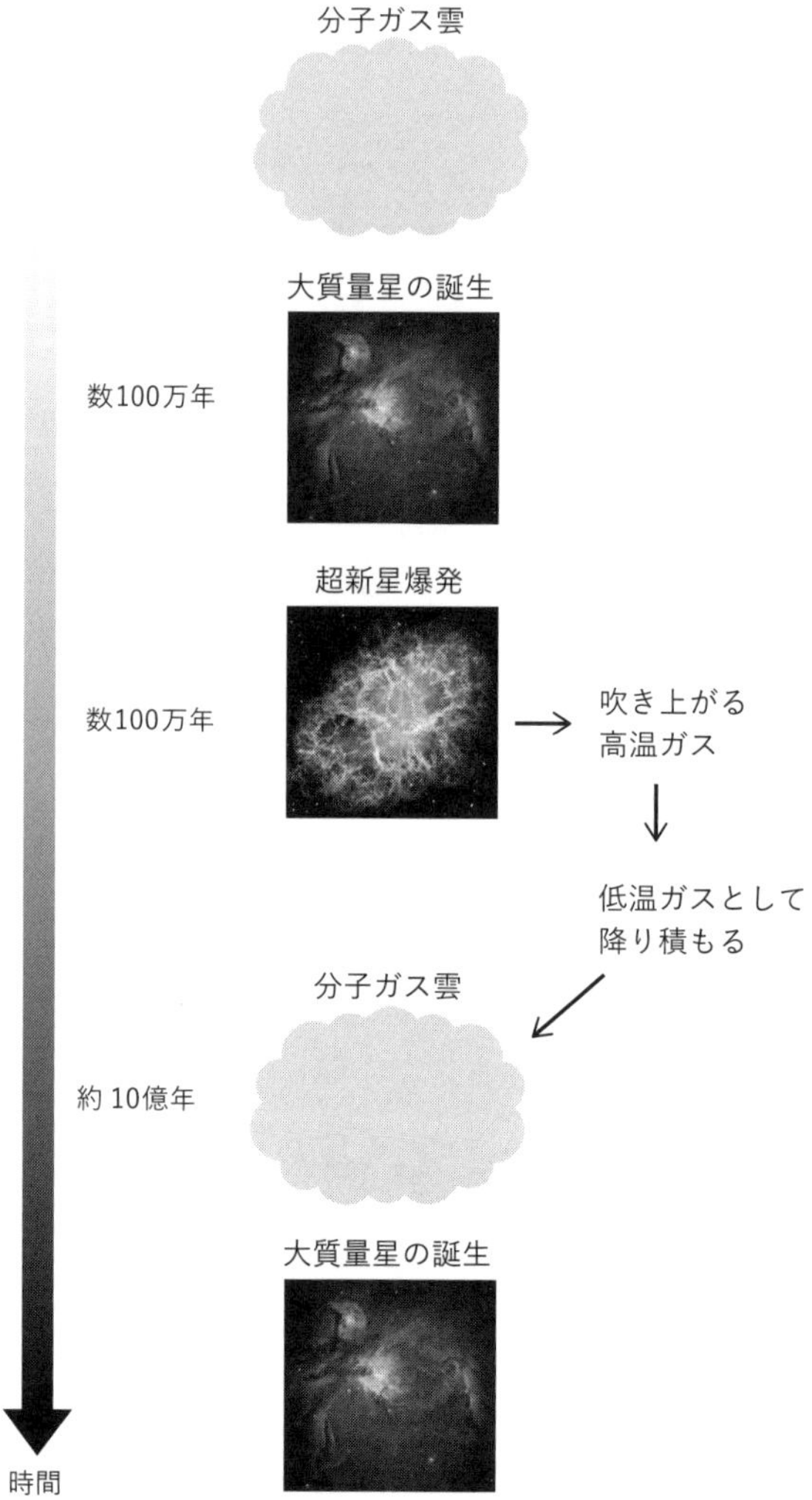

図6-12

天の川銀河の円盤部の“ある場所”でガスから星が生まれ、星が死んでガス雲に戻るまでの様子。縦軸は時間です。

河は特に気にしていません。私たちの30年が、銀河にとっては10億年に相当しているだけのことです。

請負い仕事にも10億年かける

このような輪廻のおかげで、銀河の円盤では、ガス雲が溜められると同時に星も生まれています。そして、その場所は暗黒星雲として見えているのです。

ところで、銀河面から離れた北側の方向に、まるでバルジの形をなぞるように暗黒星雲が見えています。この構造はグールド・ベルトとして知られています（図６-13）。米国の天文学者ベンジャミン・グールド（１８２４〜１８９６）が１８７９年に発見したものです。

約３０００光年もの広がりがあり、不完全なリング状の領域です。しかも、銀河面に対して約20度傾いて存在しています。さそり座、ケンタウルス座、みなみじゅうじ座、そして冬の星座ではオリオン座、おおいぬ座にも及び、これらの星座の明るい星々がこのベルト帯にあります。星が誕生している場所もたくさんあり、実際、水素原子や一酸化炭素分子の観測でもこのグールド・ベルトが見えていることがわかっています。

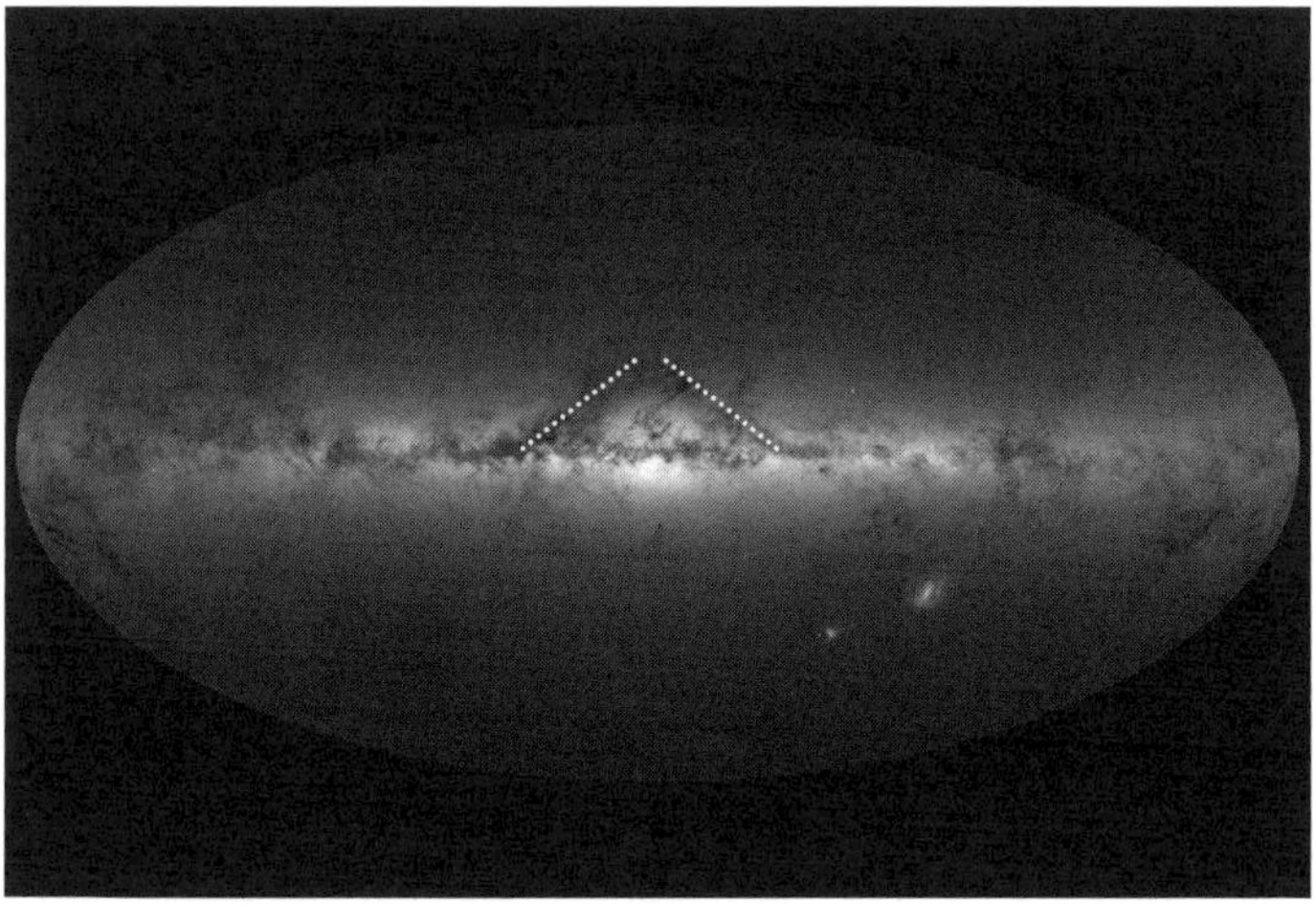

図6-13　グールド・ベルト

http://sci.esa.int/gaia/60186-gaia-s-surprising-discoveries-scrutinising-the-milky-way/

このグールド・ベルトの成因はまだよくわかっていません。ひとつ重要な特徴は〝銀河面に対して約20度傾いて存在している〟ことです。銀河系が孤立したシステムであれば、このような構造を作ることは難しくなります。ところが、過去に小さな銀河がぶつかってきて、その痕跡が見えているとすれば、説明は可能です。実際、天の川銀河には小さな銀河がぶつかってきた痕跡が、観測されています（第8章参照）。

もし小さな銀河の衝突だとすれば、グールド・ベルトは銀河面に対して傾いて存在しているので、銀河は斜め（銀河面に対して傾いた方向）からぶつかってきたと考えられます。ぶつかってきた銀河は天の川銀河

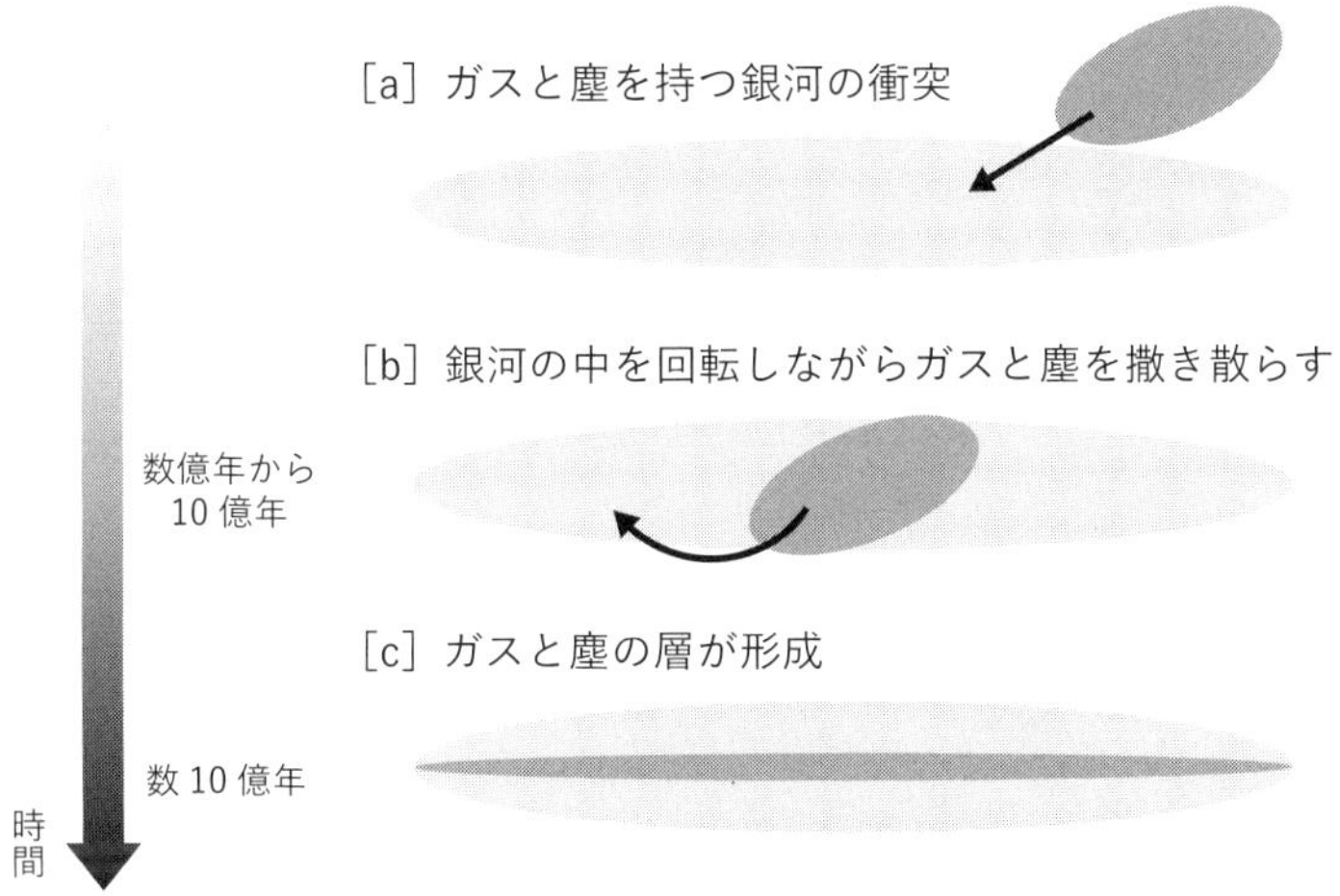
[a] ガスと塵を持つ銀河の衝突
[b] 銀河の中を回転しながらガスと塵を撒き散らす
[c] ガスと塵の層が形成
数億年から
10億年
数10億年
時間

図6-14

小さな銀河が斜めからぶつかってきたときに起こる出来事。グールド・ベルトは[b]のフェーズで形成される構造であると解釈することができます。

の中を回りながら、最終的には銀河面に落ち着いていきます。しかし、落ち着くまでにかかる時間はざっと数10億年です（図6-14）。

特に、ぶつかってきた銀河がガスやダストを持っていると、天の川銀河の中にあったガス雲と衝突して、密度の高い領域ができます。つまり、この密度の高くなったガス雲の中で、星が生まれることになります。

銀河の仕事はガスから星を産み出すことですが、このように外的要因で星を産み出すこともあるのです。天の川銀河が好むと好まざるとにかかわらず、星を産み出すこともあるわけです。銀河は時には「請負い仕事」もするということです。

第7章

楕円銀河に見る銀河の生き方

7-1 楕円銀河の形

見た目が楕円

では、今度は楕円銀河の世界を見てみましょう。銀河のハッブル分類の図を見ると（図5-1）、楕円銀河には丸い形から、扁平《へんぺい》な楕円の形をしたものがあります。

丸とか楕円は二次元の形です。もちろん楕円銀河の本当の形は三次元構造なのですが、私たちは楕円銀河を天球面に投影して見ているので、二次元的な丸とか楕円に見えているのです。つまり、楕円銀河の名称は「見た目が楕円」ということで、そうなっているのです。

E0からE7まで

銀河のハッブル分類の図（図5-1）をよく見るとE0、E3、E7という表記があります。「E」と数字で表されていることに気がつきます。

まずEですが、これは楕円銀河を英語で表すとelliptical galaxiesなので、タイプの名前としては〝E〟の文字が使われています。渦巻銀河がspiral galaxiesなので、Sが使われていたのと同じです。

Eの後についている数字は楕円の扁平率に関連する数字です。楕円の扁平率eは楕円の長半径aと短半径bを用いて定義されます（図7-1）。扁平率eは、

$$e=\frac{(a-b)}{a}=0.6$$

で与えられます。例えば$a=1$、$b=0.4$の場合は、

$$e=\frac{(1-0.4)}{1}=0.6$$

になります。この値を10倍した値をEの後につけます。この場合、楕円銀河の形態はE

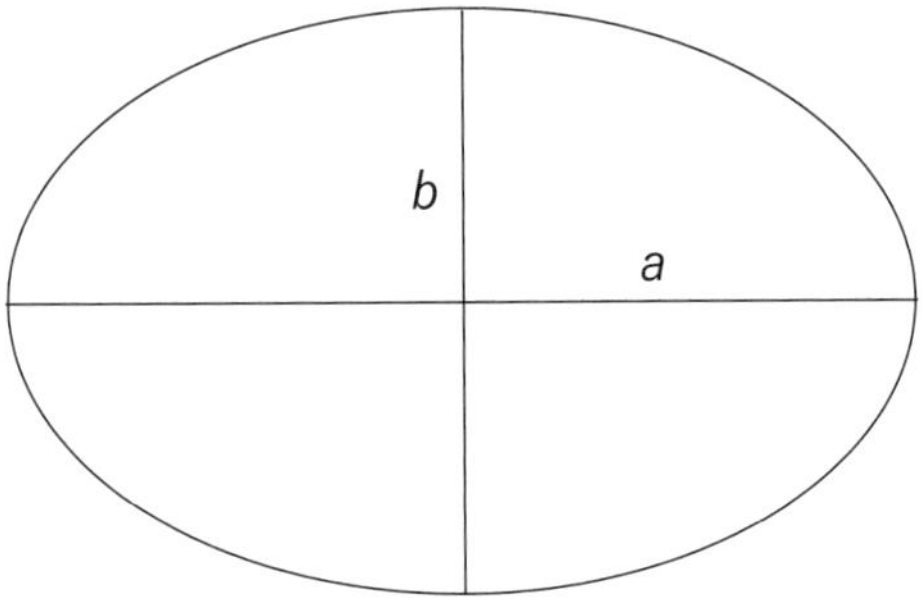

図7-1　長半径aと短半径bの楕円

扁平率eは$e = \frac{(a-b)}{a}$で与えられます。

6になるという具合です。つまり、楕円銀河の形態の記号はE10eが用いられているのです。

楕円銀河はなぜ、E0からE7までなのか？

では、E8、E9、そしてE10はないのでしょうか？　これは当然湧いてくる疑問です。

まず、E10ですが、これはb＝0の場合に相当します。つまり、楕円ではなく直線になってしまいます。横から見ているとしても、完全な平面（円盤）です。さすがにそんな銀河は宇宙に存在しません。

一方、E8とE9は原理的にはありうる形状です。しかし、かなり扁平な構造になります。このような楕円銀河があったとしましょう。すると、このような銀河は力学的に不安定であり、すぐに壊れてしまうことが理論的に調べられています。

したがって、そういう形状の楕円銀河が生まれたとしても、バラバラになって壊れてしまい、力学的に許される新たな形状の銀河に形を変えていくことになります。結局、バラバラに壊れた塊《かたまり》が合体して、E0からE7までの楕円銀河になるということです。

ハッブルがE8とE9を見つけられなかったのは、当然のことだったのです。

7-2 宇宙のやんちゃ坊主

暴れ方で楕円銀河の形が決まる

渦巻銀河と棒渦巻銀河は回転することで、その形を保っています。その意味では、大変わかりやすい銀河でした。楕円銀河は見かけが楕円形に見えるので、単純そうです。ところが、意外と正体を見破りにくい銀河です。

楕円銀河も、少し回転しているものもありますが、回転がメインの運動ではありません。楕円銀河の中では、星々はランダムな方向に振動運動しています。その結果、振動が大きな方向に伸びて見えるのです（図7-2）。

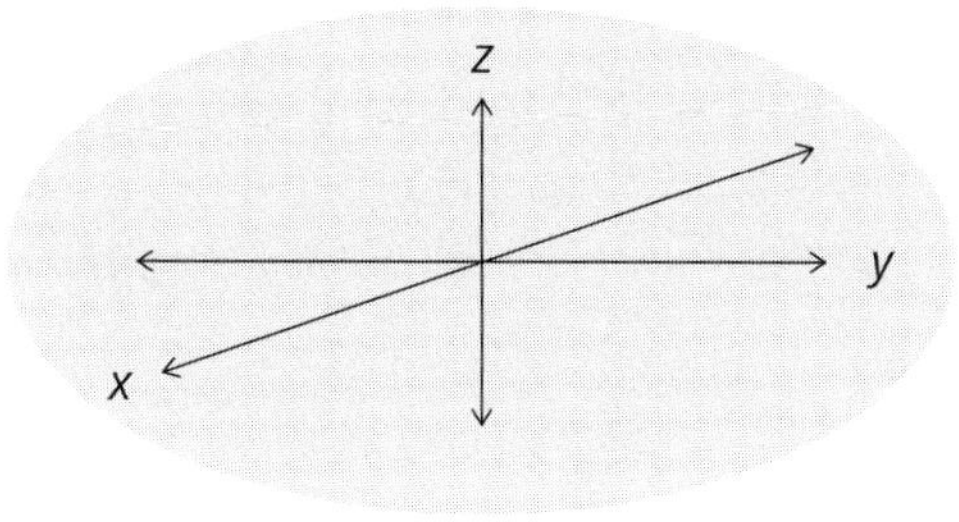

図7-2　楕円銀河の中の星々はさまざまな方向に振動運動

楕円銀河の中の星々はさまざまな方向に振動運動しています（速度は両矢印の長さで表されています）。形はどの方向の振動運動が卓越しているかで決まります。

「アンパン型」と「ラグビーボール型」

では、星々の振動運動の様子で、楕円銀河の形が決まる仕組みを見ていくことにしましょう（図7-3）。基本は次の二つです。

［1］星々の運動がXとY方向に同じ程度に振動運動していると、形状は「アンパン型」になります。

［2］星々の運動がXとZ方向に比べてY方向に大きく振動運動していると、形状はY方向に伸びた「ラグビーボール型」になります。

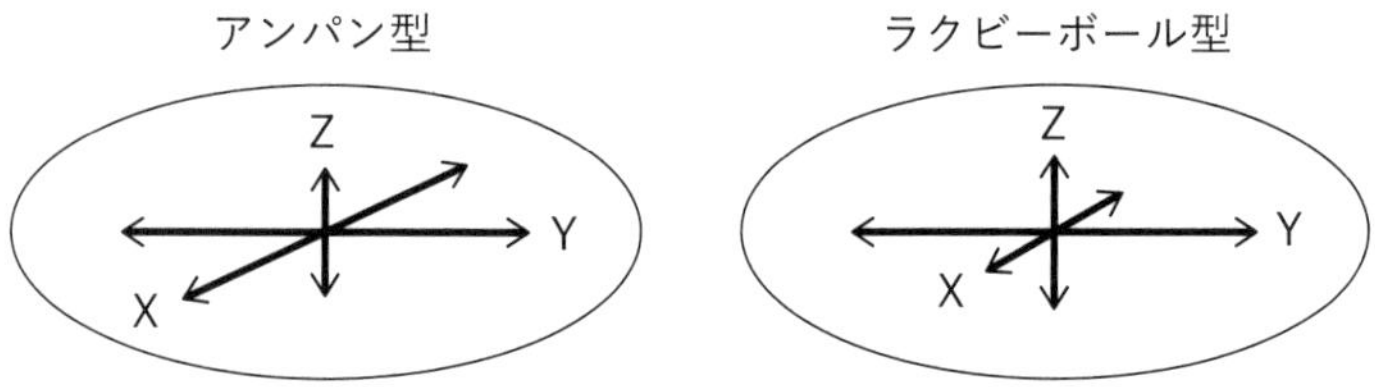

図7-3　楕円銀河の中の星々の振動運動の例

図7-2と同様に、速度は両矢印の長さで表されています。
左：X-Y方向に卓越した運動の場合で、「アンパン型」楕円銀河になります。 **右**：Y方向のみに卓越した運動の場合で、「ラグビーボール型」楕円銀河になります。

もちろん、すべての楕円銀河がこんなにシンプルになっているとは限りません。厳密に言えば、X、Y、Z方向にそれぞれ異なった速度で振動運動しています。そのような楕円銀河の形は「三軸不等楕円体」と呼ばれます。

居心地のよい場所

ところで、銀河のハッブル分類の図（図5-1）を眺めたとき、楕円銀河の形は球と「アンパン型」であると思ったのではないでしょうか？　私が大学時代に銀河の形態について学んだときも、そういう解釈になっていました。

ところが、そのうちに「ラグビーボール型」の楕円銀河もあるのだということになっていきました。それは、楕円銀河内の星々の運動が詳しく観測されるようになったためです。例えば、楕円銀河の中に星やガスを注ぎ込んだとします。その星やガスは最終的にどこに落ち着くかを調べることができます。今、その落ち着く先の場所を「安定回転面」と呼んでおくことにします。要するに、星やガスにとって、そこは居心地のよい場所になるのです。学術用語では、「好まれる平面」と呼ばれています。

すると、「アンパン型」と「ラグビーボール型」の楕円銀河では、安定回転面が図7-4のようになります。これは楕円銀河の質量分布が、注がれた星やガスに「あなた方はこの面に落ち着くと安定して過ごせますよ」と教えてくれているのです。

そして、1980年代後半から90年代前半にかけて、安定回転面が「ラグビーボール型」になるケースがいくつか観測されるようになったのです。

ラグビーボール型楕円銀河を見てみる

「ラグビーボール型」の楕円銀河なんて、本当にあるの？　そういう疑問が出てくると思

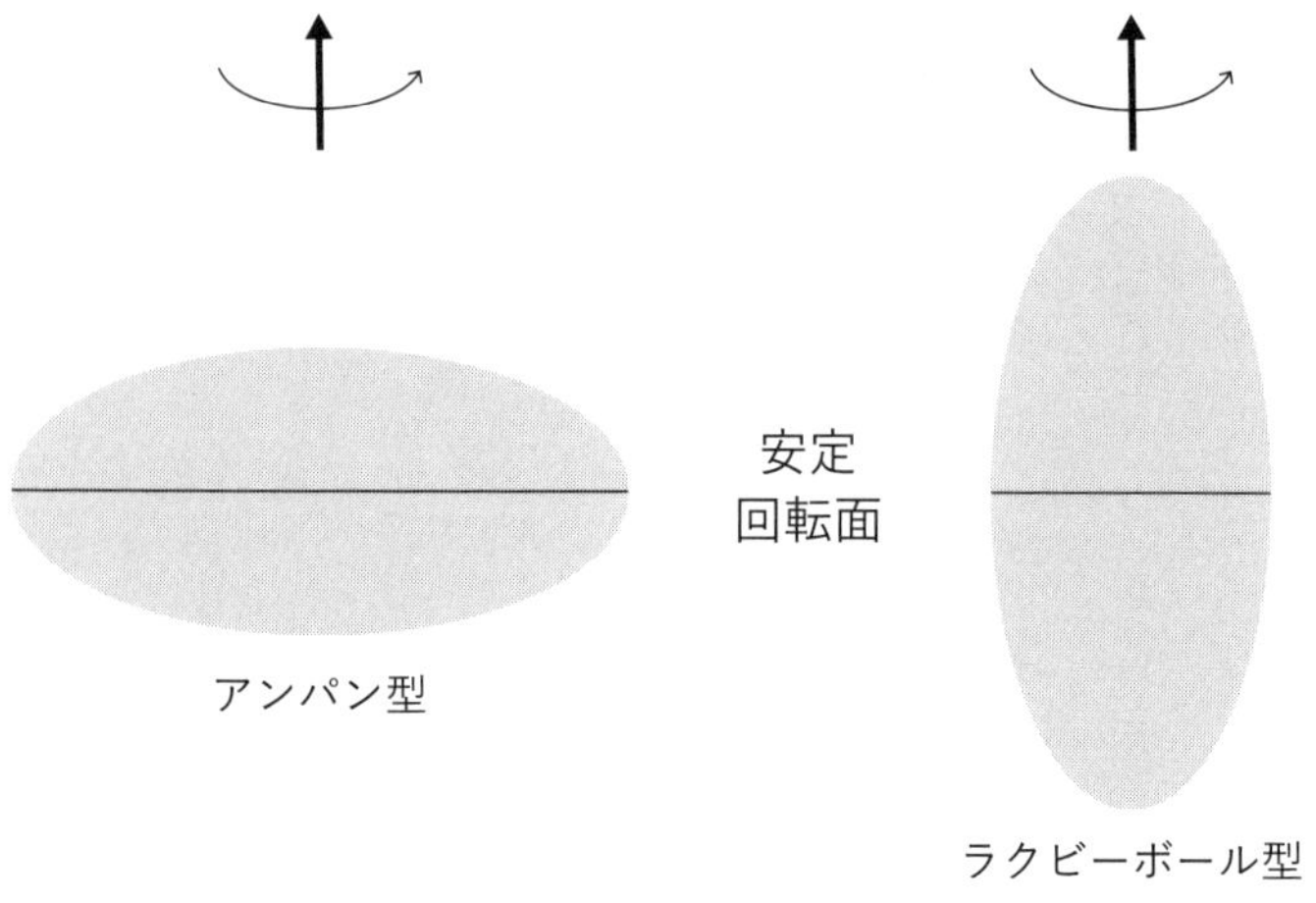

図7-4
「アンパン型」と「ラグビーボール型」の楕円銀河における安定回転面

います。そこで、実際に例を見てみましょう。

南天に見える有名な星座の一つに「ケンタウルス座」があります。この「ケンタウルス座」の方向にNGC 5128という名前の楕円銀河がありますが、この銀河がラグビーボール型楕円銀河のよい例です（図7-5、左上・右下方向に伸びている）。

この写真で左上と右下の方向に伸びた構造は、この銀河の中心から出ているジェットです。中心には超大質量ブラックホールがありジェットを出しているのです（重力発電）。超大質量ブラックホールの質量は太陽質量の6000万倍もあります。

この銀河を二つに割るかのように見えて

図7-5　「ラグビーボール型」楕円銀河 NGC5128

「ラグビーボール型」楕円銀河 NGC 5128。電波やX線でジェットが出ており、電波源としての名前は「ケンタウルスA」。ジェットは左上と右下の方向に伸びた構造です。
ESO/WFI (Optical); MPIfR/ESO/APEX/A.Weiss et al. (Submillimetre); NASA/CXC/CfA/R.Kraft et al. (X-ray) - http://www.eso.org/public/images/eso0903a/

いる暗い部分は、合体してきた渦巻銀河がもたらした暗黒星雲の姿です。この痕跡の配置がNGC5128の回転安定面を示しているのです。

結局のところ、NGC5128は、元々は一個の巨大な楕円銀河だったのです。そこに天の川銀河のようにガスやダストをたくさん持った渦巻銀河が合体して図7-5に示したような形になったということです。ただし、この合体で、「ラグビーボール」型になったわけではありません。元から「ラグビーボール」型の楕円銀河だったのです。

7-3 楕円銀河は厄介である

銀河の形は天球面に投影した形

ここで、いま一度、銀河のハッブル分類を眺めてみましょう。楕円銀河の部分だけです（図7-6）。

ここでの分類は、「天球面に投影した形がどのように見えるか」だけで行われています。つまり、「アンパン型」か「ラグビーボール型」かは、まったく考慮されていません。そのため、実際の3次元構造を反映した分類体系にはなっていないことに気がつきます。

よく、「人は見かけによらない」と言われます。人の性格や持ち合わせている能力は、その外見から判断するのは難しいということです。渦巻銀河と棒渦巻銀河は、大体のことは見かけ通りなので、問題はありません。ところが、楕円銀河の場合は、そうは簡単にい

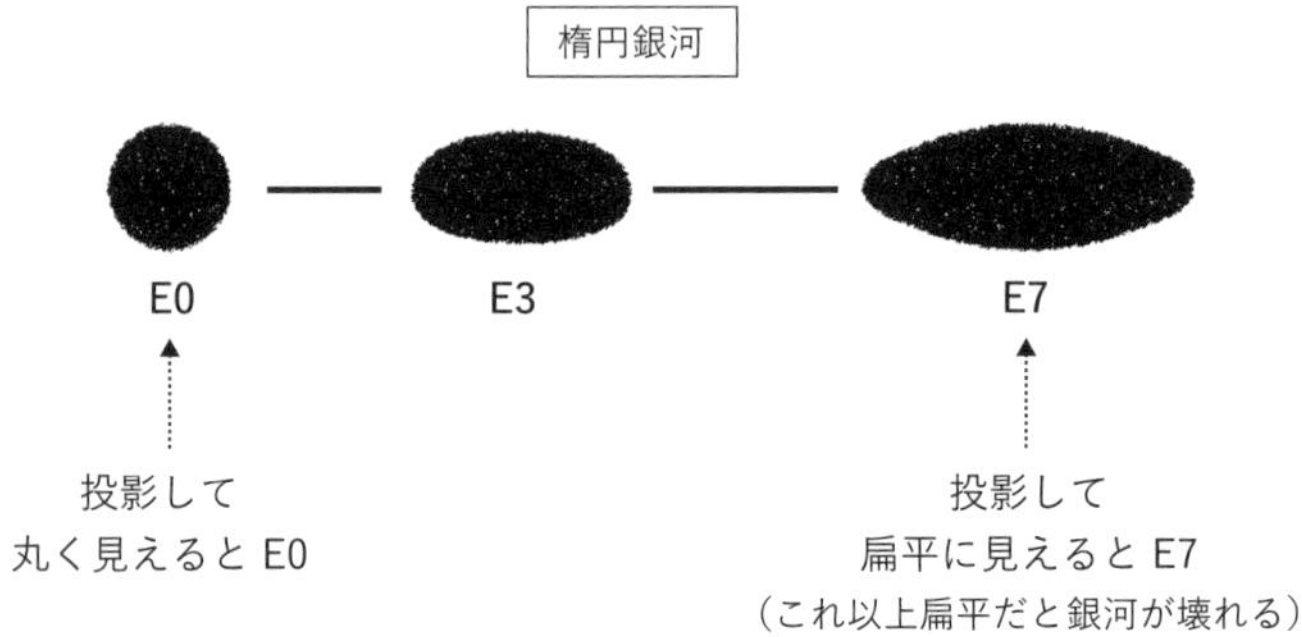

図7-6　楕円銀河のハッブル分類

扁平率により、E0からE7までタイプがある。

きません。その理由は、「アンパン型」と「ラグビーボール型」があるからです。

ここまで見てきたことをまとめると、楕円銀河の真の形状には次の3種類があります。

［1］球形（完全な球形はないと思いますが、ほぼ球形ということです）
［2］アンパン型
［3］ラグビーボール型

球形の場合は、どの方向から見ても「円形」に見えます。つまり、ハッブル分類ではE0になります。ここでは、誤った分類がなされることはありません。

なぜ楕円銀河は厄介なのか？

問題は、「アンパン型」と「ラグビーボール型」の場合です。これらの楕円銀河では、観測する方向によって分類が変わってしまうのです（図7-7）。

「アンパン型」の場合、アンパンを上から見ると丸い（円形）ので、E0になります。ところが、真横から見ると平べったいのでE7に分類されます。

一方、ラグビーボール型」の場合、ボールを回転させる方向から見ると、丸く（円形）に見えます。つまり、E0です。しかし、横から見れば、平べったく見えるのでE7に分類されてしまうのです（E3ぐらいかも知れませんが）。

銀河の中では、最も単純に見えた楕円銀河が、最も理解しにくい銀河であったことには驚かされます。ハッブルもまさかそんなことになっているとは思わなかったでしょう。

楕円銀河の真実が明かされてから、まだ30年です。何事もきちんと調べてみないと、わからないということです。大切な教訓だと思っておくことにしましょう。

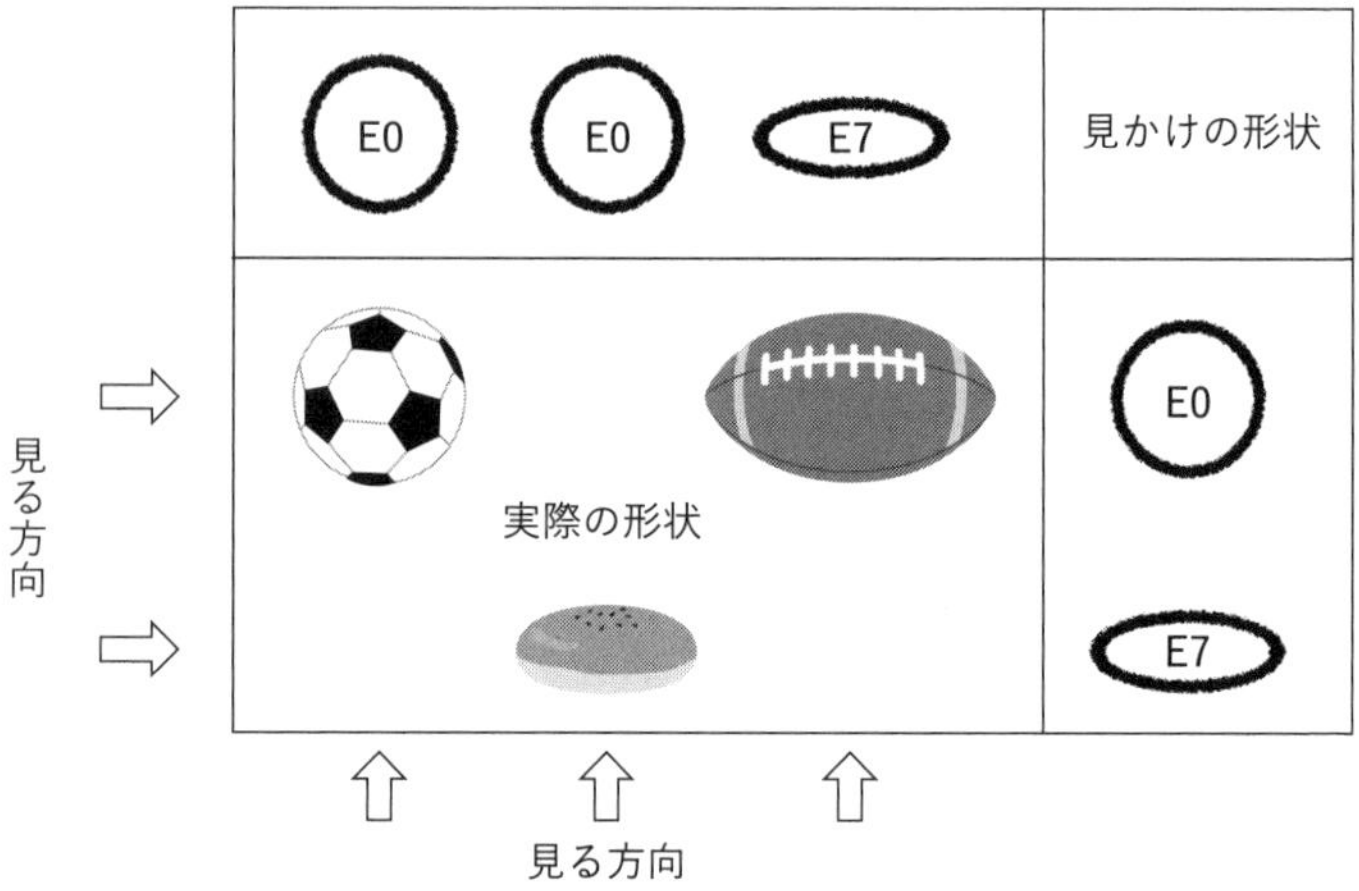

図7-7　3種類の楕円銀河の見かけの形態

観測する方向は矢印で示されています。その矢印の先に、観測される楕円銀河の形態分類（簡単のため E0 と E7 にしてあります）。

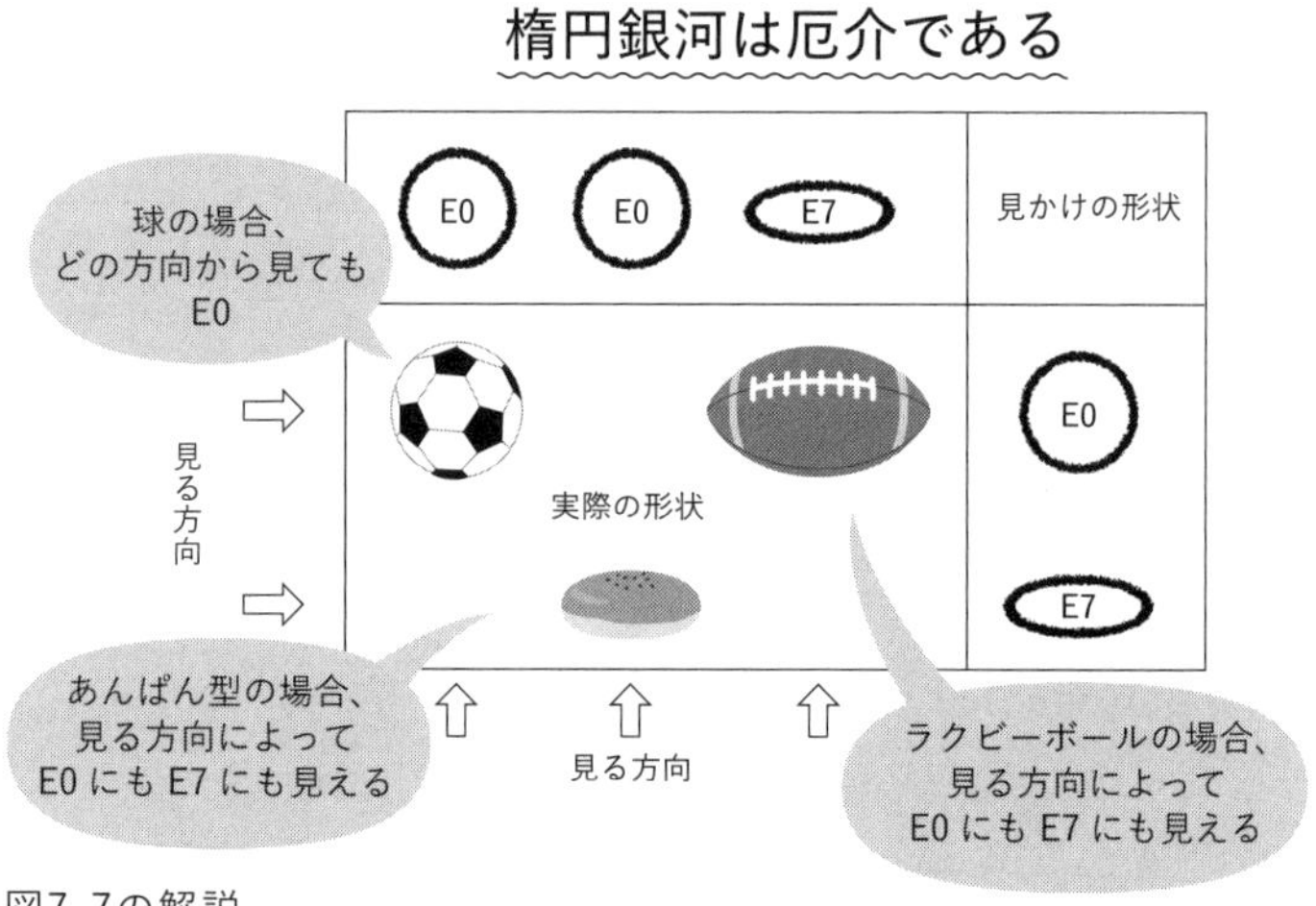

図7-7の解説

第8章

銀河の食事

8-1 銀河も食事をする

銀河の共食い現象

宇宙の中で、銀河のような構造を造っているのは重力です。そのため、何か質量を持ったものが近づいてきたら、銀河との重力相互作用の結果、捕捉されてしまいます。つまり、食べられてしまうのです。

銀河天文学の世界では、この現象は「共食い（カニバリズム）」と呼ばれています。これが頻繁に起きているのは第9章で紹介する銀河団の中です。ここでは、銀河の食事について一般的に考えてみることにしましょう。

図8-1　楕円銀河NGC1316

https://www.eso.org/public/images/eso0024a/

楕円銀河の食事

前章で、ラグビーボールのような形をした楕円銀河があるという話をしました。その例としてNGC 5128を示しましたが（図7-5）、巨大な暗黒星雲の帯があり、その正体は合体してきた渦巻銀河でした。つまり、楕円銀河が渦巻銀河を食べてしまったのです。この現象は「銀河相互作用」とか、「銀河の合体」と呼ばれる現象です。ただ、「共食い（カニバリズム）」と呼ばれているように、考えようによっては「銀河の食事」と捉えることもできます。

ここでは別の楕円銀河NGC 1316

を見てみましょう（図8-1）。NGC 5128のように顕著ではありませんが、暗黒星雲が見えています。楕円銀河は生まれたときに、一気に星を作ったので、今は星を作っていません。もう、新たに星を作るガスがないのです。

それなのに暗黒星雲（つまりガス）が見えています。これは、楕円銀河がガスを持つ小さな銀河を食べたからです（ガスを含む小さな銀河が合体した）。

天の川銀河も食事をしている

次は天の川銀河の食事について考えてみましょう。今まで見てきた楕円銀河のように食事をしているのでしょうか？　楕円銀河の例では暗黒星雲を頼りに食事の様子を見てみました。「天の川銀河」、「暗黒星雲」という二つのキーワードを聞いて思い浮かべるのは第6章で見たグールド・ベルトです（図6-13）。このベルトはかなり高い確率で、小さな銀河を飲み込んだ証拠だと考えられています。

これは決して不思議な出来事ではありません。なぜなら天の川銀河のような大きな銀河の周りには衛星銀河と呼ばれる小さな銀河がざっと10個はあるからです。

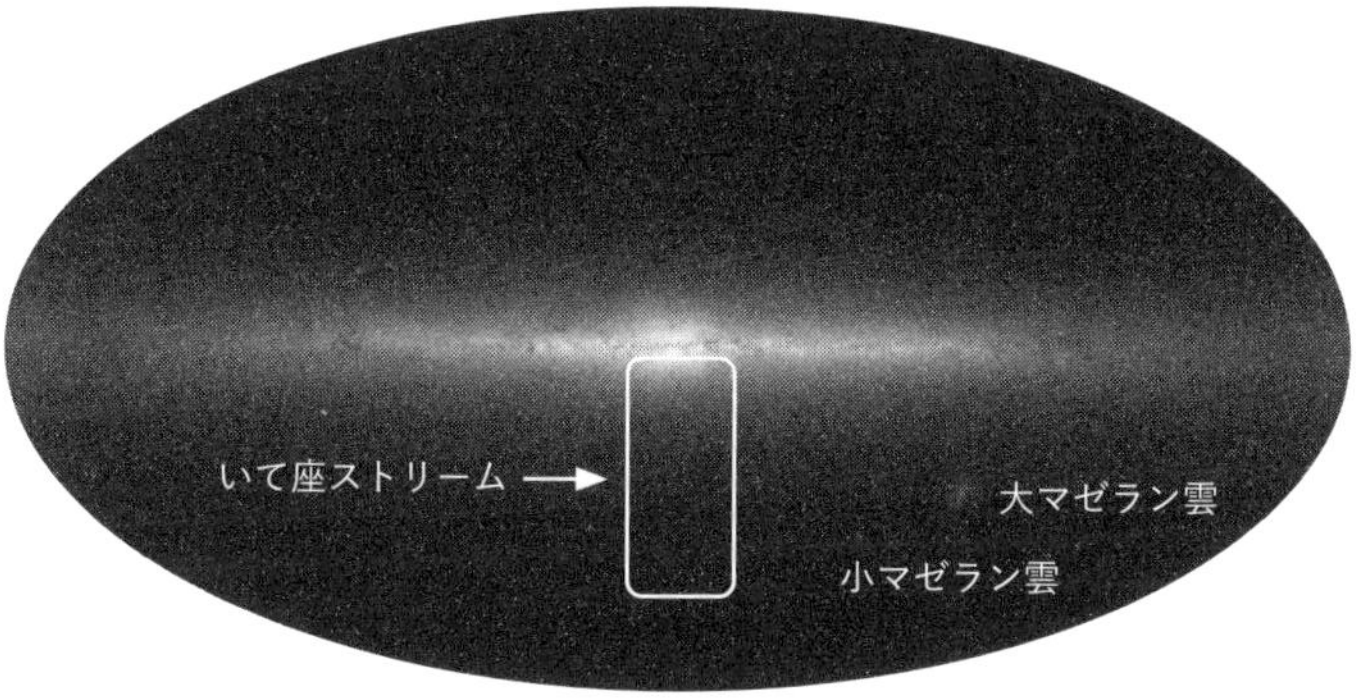

図8-2　波長2ミクロンの近赤外線で見た天の川の姿

銀河系のバルジのやや左下に、長く伸びた構造が見えています。いて座の方向に見えるので、いて座ストリームと呼ばれています。(2MASS)

第4章で紹介した、アンドロメダ銀河にもM32とNGC205という衛星銀河があることを見ました（図4-6）。これら二つの衛星銀河はアンドロメダ銀河の本体に近いことと、比較的明るいので目立ちます。しかし、詳しく観測すると、アンドロメダ銀河の周辺には20個以上もの衛星銀河があります。また、過去に起こったとされる銀河の合体で、アンドロメダ銀河の周りには非常に拡がった構造があることもわかっています。

では、天の川銀河はどうでしょう？　これまで、可視光帯で天の川銀河の姿を見てきました。ここでは波長2ミクロンの近赤外線で見た天の川銀河の姿を見てみるこ

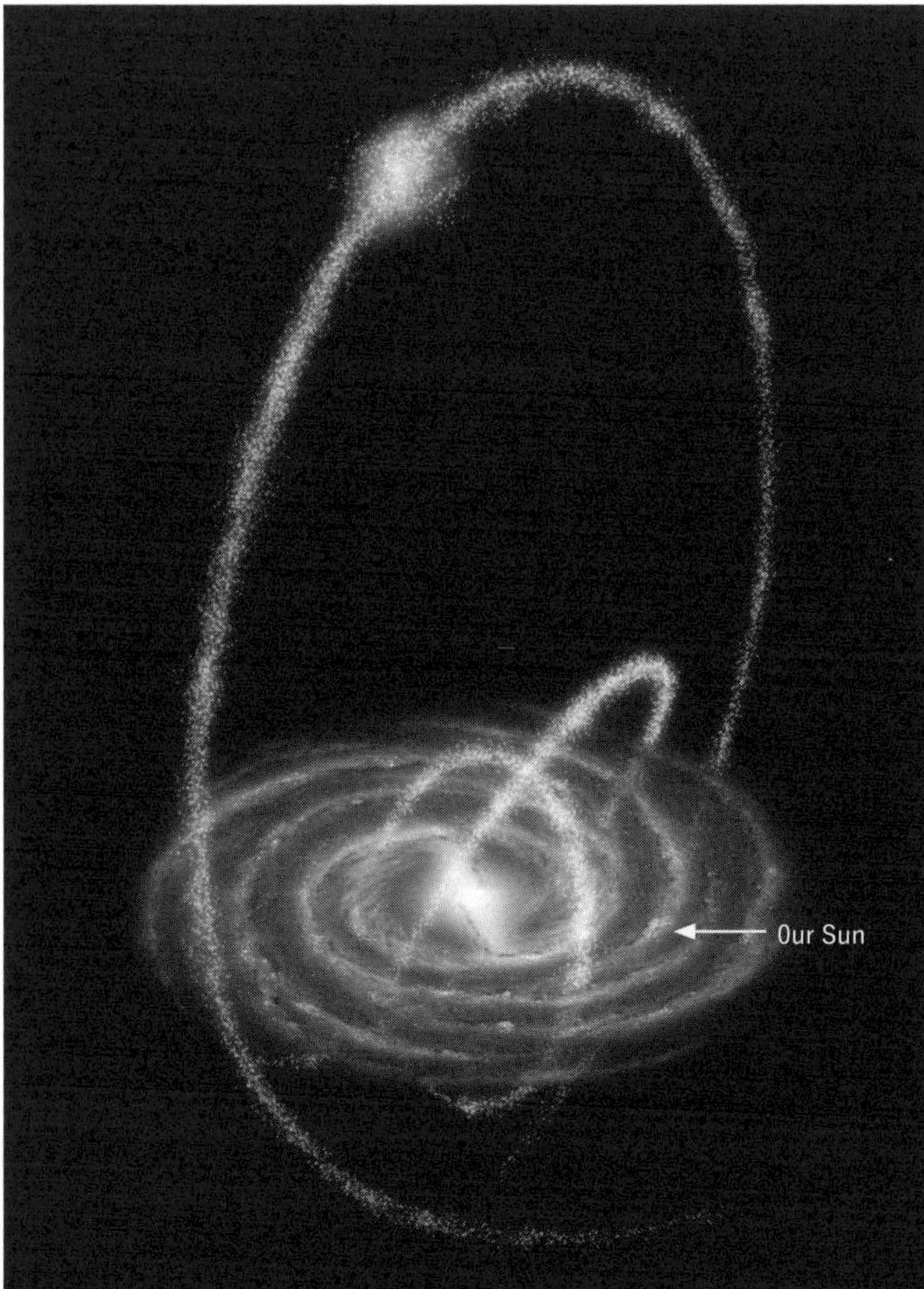

図8-3　いて座ストリームの構造を示すイラスト

https://ja.wikipedia.org/wiki/恒星ストリーム

とにしましょう（図8-2）。波長が長くなると、ダストによる吸収の影響が軽減されます。そのため、暗黒星雲に邪魔されずに天の川銀河の姿を調べることができます。図8-2を見ると、美しい円盤とバルジがくっきりと見えています。大マゼラン雲と小マゼラン雲ももちろんくっきりと見えています（図4-7も参照）。注意深く見てみると、不思議な構造がひとつ見えています。バルジのやや左下に見える、長く伸びた構造です。

これは、いて座の方向に見えるので、いて座ストリームと呼ばれています。このストリームは老齢な星々でできています。顕著な特徴は天の川（銀河面）と直交する方向に伸びていることです。

いて座ストリームの成因は衛星銀河の合体です。いて座矮小楕円銀河という軽い銀河が数十億年前に銀河系に降ってきて、その名残が見えているのです（図8-3）。天の川銀河には、いて座ストリームのような星のストリーム構造が10個以上も発見されています。銀河の進化は実のところ、小さな構造（銀河）の合体の歴史なのです。

8-2 銀河は何を食べるのか？

食事のメニュー

さて、では銀河の食事メニューはどうなっているのでしょうか？　私たちの食事はバラエティに富んでいます。主食としてご飯（お米）を選ぶか、パンを選ぶかに始まり、味噌汁なのか、スープなのか、選択肢があります。さらに、肉、魚、野菜をアレンジした料理。数えきれない種類があります。

ところが、銀河の食事の場合、選択肢は限られています。コラム1で宇宙の成分表を示しました。そこで出てきた成分は次の3つだけです。

［1］普通の物質（原子でできた物質）

［2］ダークマター（暗黒物質）
［3］ダークエネルギー（暗黒エネルギー）

このうち、食事の素材となりうるのは物質だけなので、普通の物質とダークマターの2種類しかないことになります。

ダークエネルギーは宇宙空間が持っているエネルギーで、この宇宙の膨張を加速させていることがわかっています。銀河は宇宙空間に浮かんで生活しているので、ダークエネルギーとまったく無縁というわけではありません。しかし、ダークエネルギーからエネルギーをもらっているわけではないので、食事の素材にはなっていません。

ダークマター

ダークマターは正体不明ですが、未知の素粒子であろうと推察されています。果たして、1種類なのか、複数の種類があるのかもわかっていません。

存在する量は普通の物質の数倍あるので、銀河の食事の素材としては重要です。ただ、普通の物質とは相互作用をほとんどしないので、「質量」だけをいただくことになります。やや味気ない素材です。

普通の物質

原子でできた物質です。宇宙に存在する元素は94種類もあるので、バラエティは十分あります（第12章12-2節参照）。例えば、地球にある鉱物にはいろいろな種類があります。火成岩、変成岩、堆積岩。火成岩には花崗岩《かこう》と安山岩があるように、それぞれ、いろいろな成分の岩石の世界が広がっています。

ただし、銀河の立場から見ると、食事の素材は次の三つです。

［1］星
［2］ガス
［3］ダスト

鉱物はダストに含まれます。星はガス球なので、元を正せばガスです。しかし、独立した物理システムであり、銀河の中を漂っているガス雲とは異なったシステムです。
一方、ガスは温度や密度の具合で、いくつかの形態をとって存在しています。

［1］分子ガス
［2］原子ガス
［3］電離ガス（イオンや電子：プラズマと呼ばれます）

典型的な温度は、それぞれ、10K、100〜1000K、数万Kになります。

8-3 食事のルール

基本は出前、ただし来るものは拒めない

普通の物質は形態（星、ガス、ダスト）、素材（含まれる元素）、フェーズ（分子、原子、プラズマ）にバラエティがあるので、「質」的には食事を楽しめそうです。また、「量」に関していえば、ダークマターがあるので、お腹を満たすこともできそうです。ただ、こちらは素材が不明なので、「闇鍋」のようなものですが。

では、どうやって食事を摂《と》るかです。私たちの場合は次の3つのパターンがあります。

［1］自分の家で食べる
［2］スーパーやコンビニで食べ物を買う

［3］レストランに出向いて食べる

［1］の場合はさらに、

［1-1］自炊する
［1-2］出前を頼む
［1-3］テークアウトで買って食べる（自分で買いに行く）

こうして見ると、結構バリエーションがあります。

では、銀河はどうか？　実は、1種類です。答えは［1-2］に近いです。自分で電話をして頼むわけではなく、勝手にやってくる出前です。

この章の最初で見たように、食事は勝手に降ってくるのです。銀河と食事（近くにある銀河）の間に働く、重力の効果で食事がやってくるというわけです。

したがって、選《え》り好みはできません。やってきたものを食べる以外に道はないのです。「来るもの拒まず」これが銀河の食事における基本ルールです。

8-4 職住の一致

仕事は自宅で

銀河は豪邸に住んでいます。第4章でそういう話をしました（4-3節）。ダークマター・ハローに取り囲まれ、その中に集められた原子物質のガスから星を産み出します。これが銀河の基本的な生活です。誕生した星は星の質量に応じて進化し、それが銀河の進化にもなるわけです。

結局、銀河は自宅、しかも豪邸で仕事をしているだけです。その意味では、職住（職場と住居）が一致しています。

これはテレワークとは違います。そもそも銀河は会社に行くことはありません。生まれつきホームワークをしているだけなのです。

銀河の周りには食料がたくさんある

また、大きな銀河の周りには小さな銀河（衛星銀河）がたくさんあります。10個から20個はあるので、ときどきそれを食べて暮らしています。つまり、食料には困っていないのです。

衛星銀河は10億年以上の時間をかけて渦巻銀河の本体に合体していきます。そのため、食料はたくさんありますが、銀河は頻繁に食事をしているわけではありません。だいたい、10億年に1回のペースです。お腹が空かないか心配になりますが、それは人の感じることです。銀河は別に食事をしなくても、死ぬことはありません。

そもそも、積極的に食事をしているわけではありません。先ほど述べたように、銀河の基本は「来るもの拒まず」なので、やって来た衛星銀河を食べているだけなのです。

不要不急の外出の必要性がない

ということで、銀河は食事に関していえば、出かけることはしません。レストランに出かけることもないし、スーパーやコンビニにも行きません。

これは、もちろん宇宙空間にはレストランも、スーパーも、コンビニもないからですが、銀河はそれらを必要としないのです。したがって、食事のために、銀河は不要不急の外出はしません。

ダークマター・ハローという大きな服。周りには食料がある。すべて自宅で対応。先ほど「職住」が一致と言いました。そればかりではなく、なんと「衣食住」が揃っているのです。うらやましい限りです。

第9章

ステイホームが基本

9-1 銀河は引越しをしない

銀河の住所

銀河には「見える」家はありませんが、「見えない」家はあるという話はしました。実は、銀河は自分の家のことを大変気に入っています。

銀河は宇宙のある番地に住んでいます。宇宙の膨張と共に、住む場所は移動しているように見えます（図9-1）。しかし、それは街が大きくなっているだけで、街の中での家の位置は変わっていないのです。そのため、住んでいる番地は変わりません。つまり、ステイホームが基本なのです。

宇宙は膨張していますが、おそらく、銀河はそのことを知りません。宇宙の膨張に身をまかせながら、じっと自分の家に住み続けているのです。かなり、我慢強い性格です。

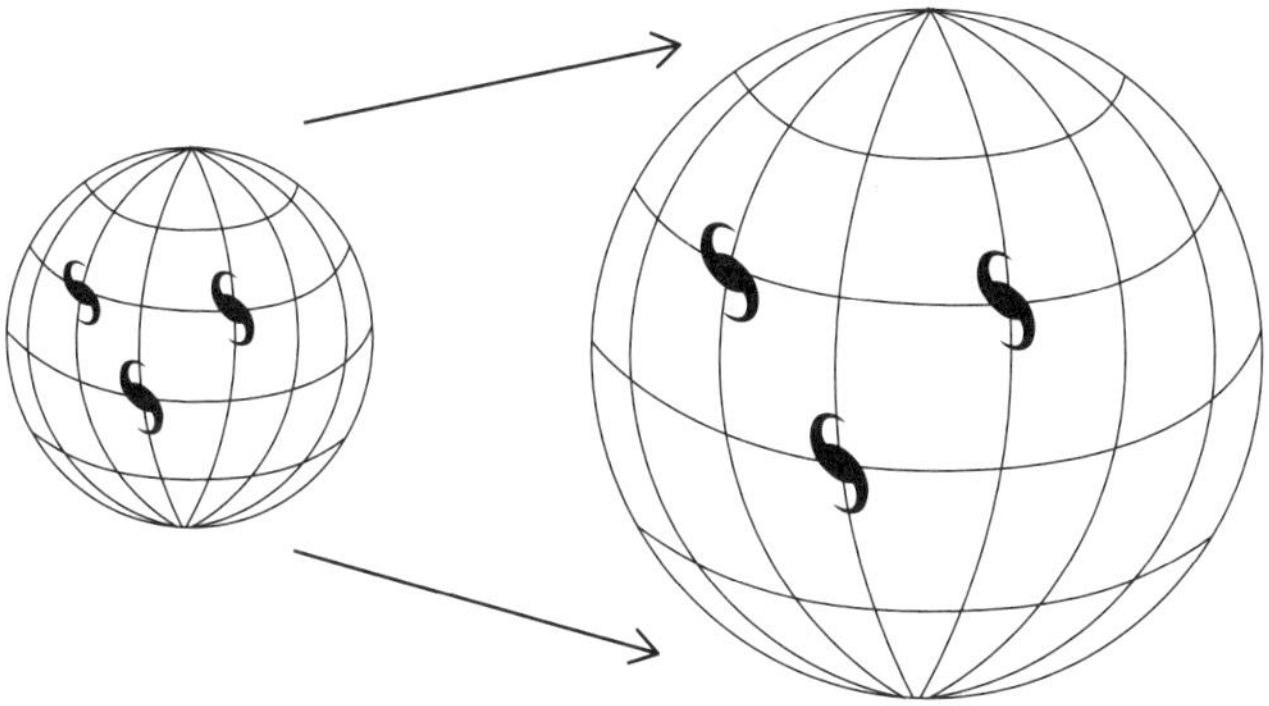

図9-1　宇宙の膨張の効果

宇宙全体は時間と共に大きくなっていきます。宇宙（街）が膨張していくので、隣の家はどんどん離れていきます。しかし、１個の銀河に着目すると、その銀河は宇宙のある番地に住んでいます。銀河は基本的にそこに住み続けているのです。

銀河の住環境

宇宙には孤立している銀河はありません。孤立しているように見えても、いくつかの衛星銀河が周りを回っています。衛星銀河も銀河ですから、孤立している銀河はないということです。宇宙でも、「ポツンと一軒家」があると話題を集めると思います。

衛星銀河のことは置いておいても、銀河は孤立していません。実は、銀河は群れて暮らすのを好みます。銀河の群れ具合によって、銀河の環境は次のように分類されます。

［1］**連銀河**：二つの銀河がお互いの重力圏内に入って回っている場合。星の場合は連星と呼ぶので、それに習った名称です。

［2］**銀河群**：3個以上の銀河が群れている場所。銀河数が数10個までは銀河群と呼びます。数個の銀河が寄り集まっている場所は「コンパクト銀河群」と呼ばれますが、あとで説明します。

［3］**銀河団**：銀河が数百個から数千個集まっている場所。

ここまでは、銀河同士が重力で結びついています。

［4］**超銀河団**：銀河団が連なっている構造。見た目は鎖のようにつながっていますが、重力的には結びついていません。

［5］**ボイド**：銀河がほとんど存在しない場所。この場所にある銀河は「ポツンと一軒家」の状態です。

宇宙には銀河の織りなす大規模構造があります（図9-2）。この図に、銀河群、銀河団、

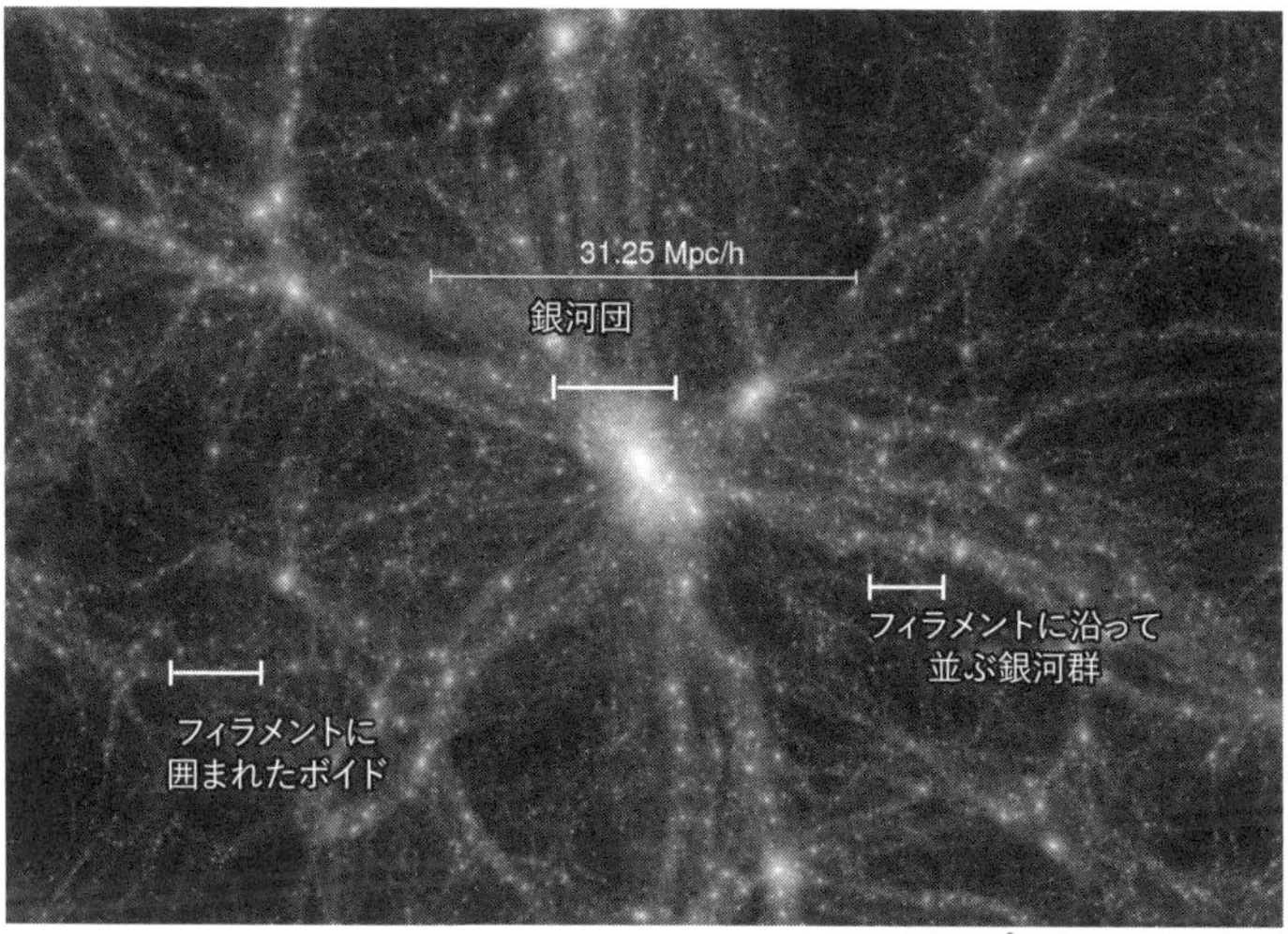

図9-2　宇宙の大規模構造における、銀河群、銀河団、およびボイド
(VIRGOコンソーシアム)

そしてボイドを示しておきます。まるで、蜂の巣のような構造ですが、これが私たちの住んでいる宇宙の様子です。多くのフィラメントが交差する場所が、銀河団になります（図9-2の中央部の構造）。

9-2 銀河は群れる

連銀河の世界

銀河には比較的孤立した銀河から、連銀河、銀河群、銀河団、超銀河団という階層がありました。また、銀河のない場所もあり、それはボイドでした。代表的な銀河の群れである、連銀河、銀河群、そして銀河団の様子を見ておくことにしましょう。

連銀河は2個の銀河が寄り添い、重力的に相互作用している銀河です。そのため、相互作用銀河という呼び方もあります。

じつは、第2章で連銀河の例を見ています。それはM51です（図2-4）。M51にある立派な渦巻銀河はNGC5194という名前があります。そして、その下に見えているやや小さめの銀河はNGC5195です。この二つの銀河がすれ違った影響で、NGC

5194の美しい渦巻構造ができました。

連銀河では二つの銀河がすれ違うだけですが、いろいろな構造が生まれます。その例を見てみましょう（図9‐3）。なぜ、こんなにバラエティが生じるのでしょうか？　それはいくつかのパラメータがあるためです。

［1］2個の銀河の、すれ違う前の形（楕円銀河か渦巻銀河か）
［2］2個の銀河の、すれ違う前の運動状態（渦巻銀河の場合、回転の向き）
［3］2個の銀河の質量比（軽い銀河のほうが影響を受けやすい）
［4］すれ違うときの軌道

これらの要素が、連銀河の形の進化を決めることになります。

いずれにしても、この図に示した連銀河は、ソーシャル・ディスタンスを保っていません。そのため、これらの連銀河はお互いの重力から逃れられず、最終的には合体して、ひとつの銀河になっていきます。行き着く先は、楕円銀河です。

実際、1個の銀河になりつつあるものも図9‐3に見ることができます。中段の一番左

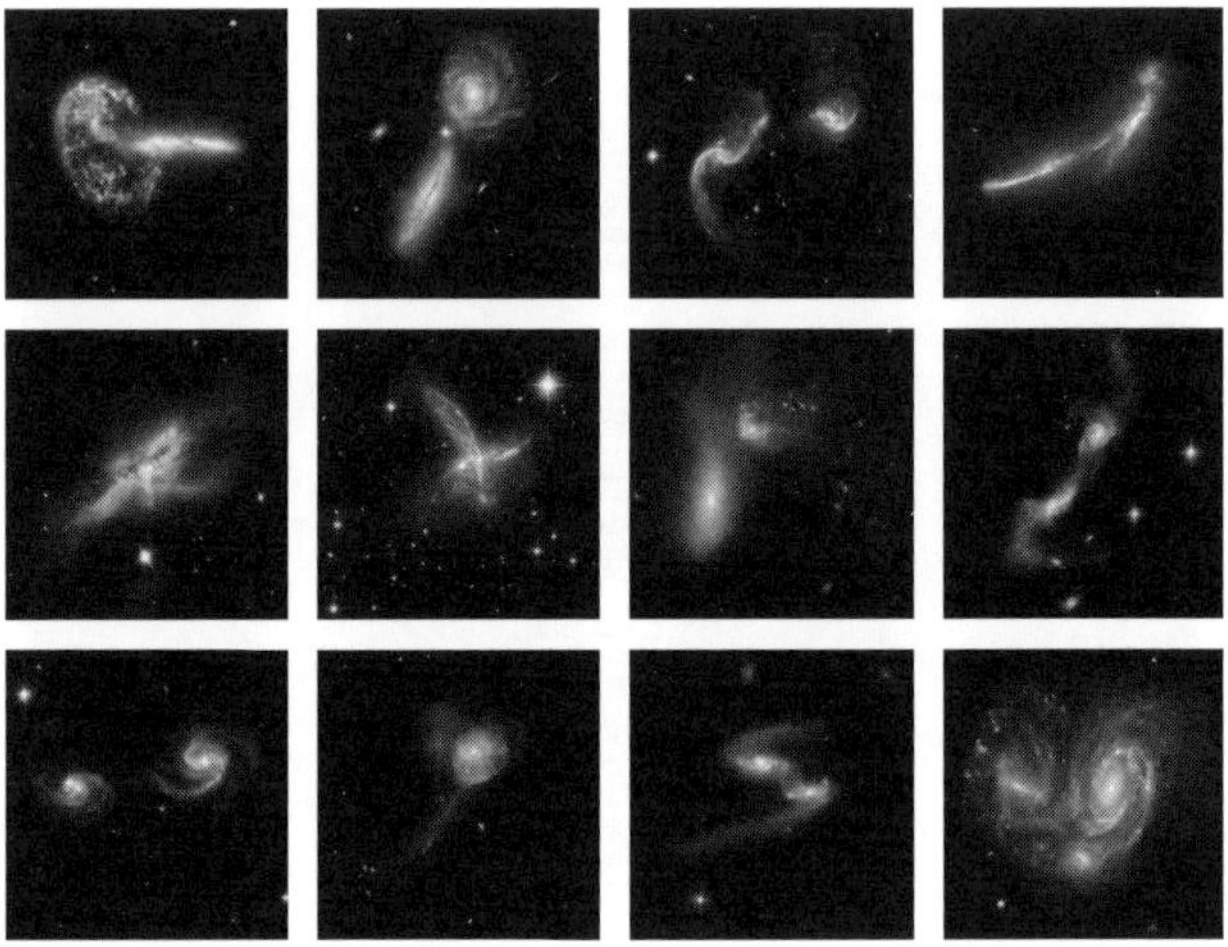

図9-3　連銀河の例

（ハッブル宇宙望遠鏡）

端と、下段の左から2番目のケースです。

銀河群の世界

では、次は銀河群の世界を見ていくことにしましょう。

まずは身近な例として、天の川銀河とアンドロメダ銀河が属する銀河群を見てみます。この群れは「局所銀河群」と呼ばれています。数百万光年のエリアに約40個の銀河が群れています。

天の川銀河の大きさは10万光年です。したがって、局所銀河群の大きさはその数十倍になります。図9-4を見ると、銀河同士はそれなりに離れているように見えま

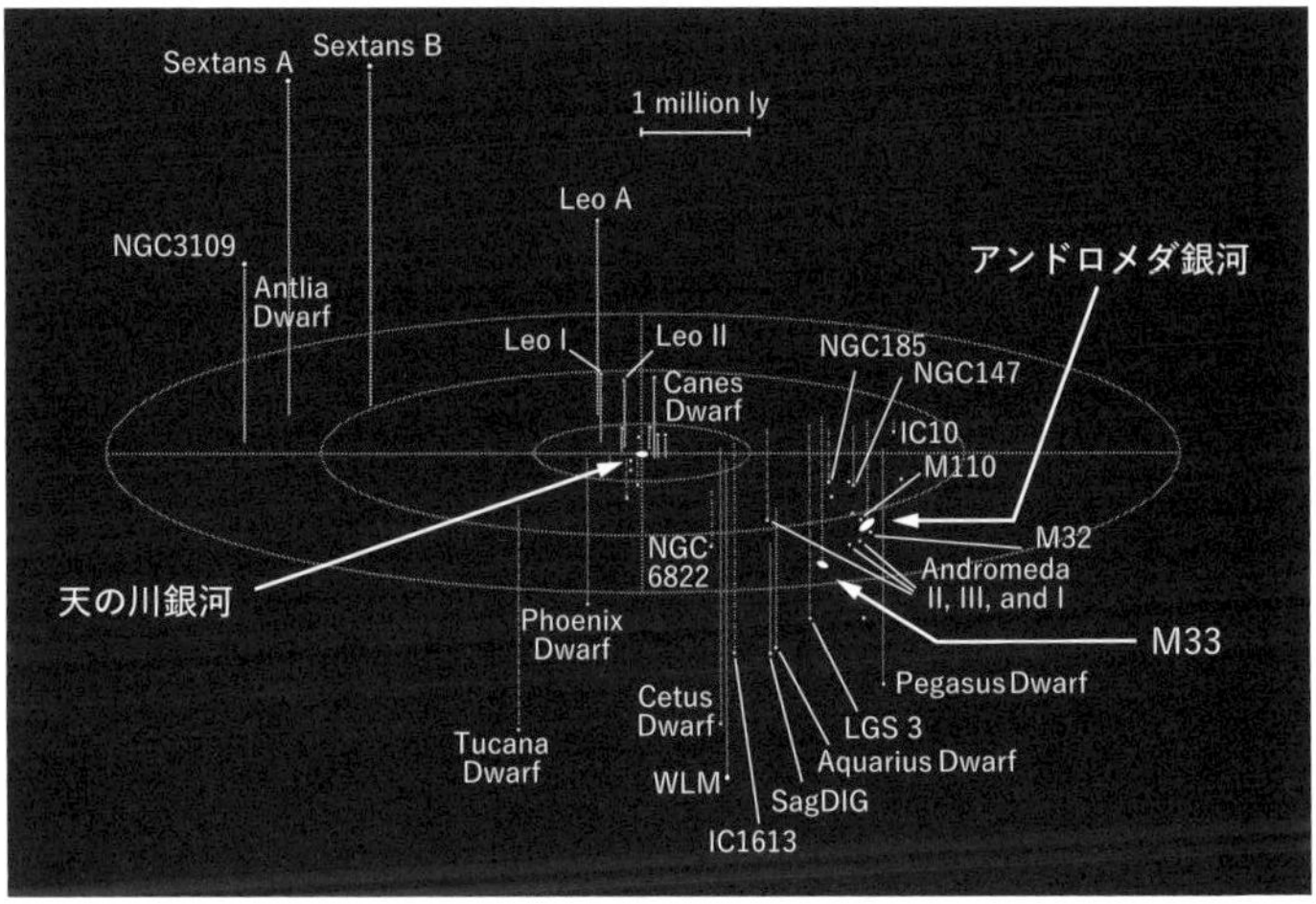

図9-4　局所銀河群における銀河の分布

上に示してある横棒が100万光年に相当します。
https://en.wikipedia.org/wiki/Local_Groupより作成

す。試しに天の川銀河とアンドロメダ銀河の関係が直感的にわかるような図を作ってみてみましょう（図9-5）。

天の川銀河とアンドロメダ銀河の大きさは、見えている円盤の大きさでいうと、それぞれ10万光年と13万光年です。簡単にするため、両方とも大きさは10万光年だとします。二つの銀河間の距離は250万光年です。ここで、10万光年を1メートルとすると、銀河間の距離は25メートルです。つまり、直径1メートルの二個の円盤を25メートル離しておいたような感じです。

図9-5を見ると、ソーシャル・ディスタンスは保たれているように見えます。ところが、第4章でみたように、銀河はダー

図9-5　天の川銀河とアンドロメダ銀河の位置関係

25メートル離れたところに直径1メートルの二つの円盤がある。

クマター・ハローという巨大な豪邸に住んでいます。二つの銀河のダークマター・ハローの直径は約100万光年です。これを考慮すると、二つの銀河の位置関係は図9-6のようになります。なんとか、ソーシャル・ディスタンスは保たれているように見えますが、かなり厳しい状況になっています。

図9-6と図9-5を見比べてみるとわかりますが、第4章の4-1節で紹介したM33はかなりアンドロメダ銀河の近くにいます（図4-1）。しかも、M33も星の円盤の数倍の大きさのダークマター・ハローを持っています。そのため、M33とアンドロメダ銀河は、ソーシャル・ディスタンスを

図9-6　ダークマター・ハロ−を考慮した、天の川銀河とアンドロメダ銀河の位置関係

ダークマター・ハローは点線の丸印で示してあります。25メートル離れたところに直径10メートルの二つの球がある

保っていません。実際、二つの銀河は既にお互いの周りを何回か回っていると考えられているのです。

そして、いずれは天の川銀河もアンドロメダ銀河とM33に近づいていき、数10億年後には合体して、ひとつの巨大な楕円銀河になっていきます（10-1節）。ことはそれだけで終わりません。なんと、局所銀河群そのものが、今から1000億年後には、全部合体してひとつの巨大楕円銀河になるのです。

消えるのは天の川銀河とアンドロメダ銀河だけではありません。局所銀河群そのものが消えてしまいます。宇宙は寂しくなる一方なのです。

コンパクト銀河群

さて、局所銀河群は数10個の銀河が比較的ゆったりと群れている銀河群でした。しかし、宇宙を眺めると、より密集した銀河群も見つかります。数個の銀河が、触れ合うように群れている銀河群はコンパクト銀河群と呼ばれています。

例として、「セイファートの六つ子」を見てみましょう（図9-7）。これは米国の天文学者カール・セイファート（1911～1960）が1951年に発見したものです。この銀河群までの距離は1億9000万光年です。

図9-7には確かに6個の銀河が見えますが、実は銀河群に属している銀河は4個です。まず。左上のNGC6027eは独立した銀河ではなく、NGC6027がNGC6027bと遭遇したときに、潮汐《ちょうせき》力の効果でNGC6027から引出された星々です。また、NGC6027dは距離が8億8000万光年なので、この銀河群の背後にある銀河です。たまたま同じ方向に見えていた銀河ということです。したがって、六つ子ではなく、四つ子です。

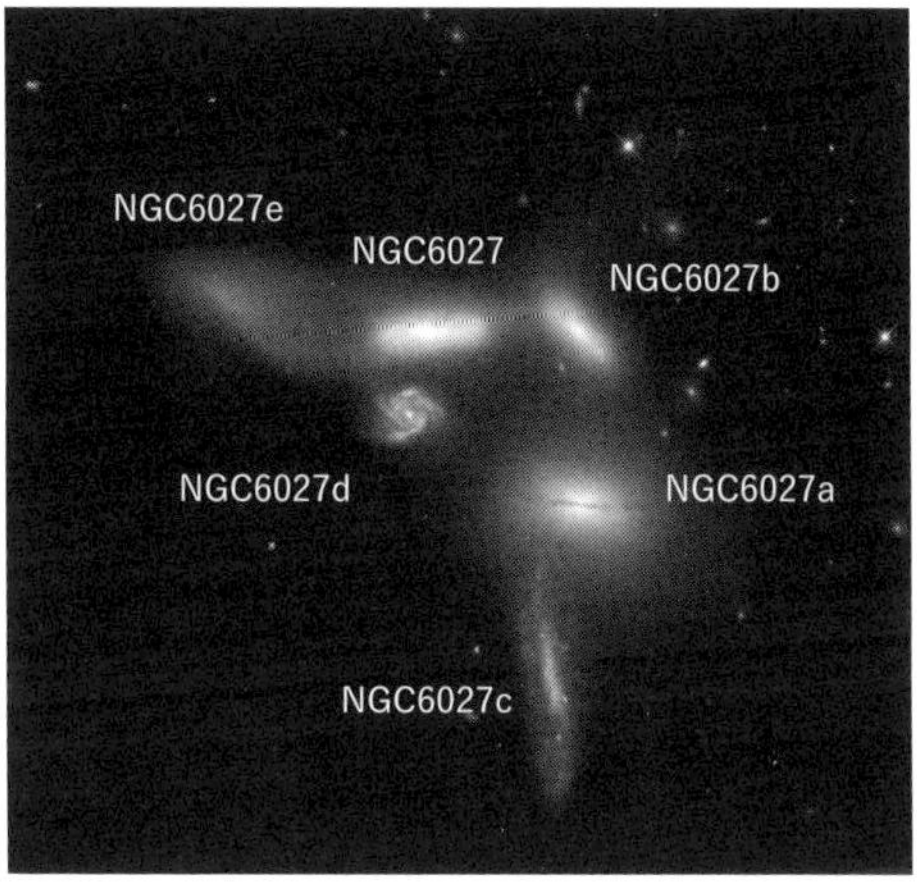

図9-7　セイファートの六つ子

ところが、NGC6027e は潮汐力の効果でNGC6027から引出された星々です。また、NGC6027d はこの銀河群の背後にある銀河です。したがって、六つ子ではなく、四つ子です。NASA - http://www.hubblesite.org/newscenter/archive/2002/22/image/a

結局、NGC6027、NGC6027a、NGC6027b、そしてNGC6027cの4個の銀河が銀河群を構成しています。これら4個の銀河はそれぞれ非常に近くにあり、とてもソーシャル・ディスタンスを保っているような状況にはありません。数十億年後にはすべての銀河が合体して、やはり1個の楕円銀河になっていくでしょう。

天の川銀河から1億光年以内の宇宙を調べてみると、このようなコンパクト銀河群はざっと100個はあります。

また、約70％の銀河は銀河群に属しています。銀河は群れるのが大好きなのです。

9-3 銀河は集う

クラスター

銀河の基本は「群れている」ことです。既に述べてきたように、宇宙における銀河の形成と進化は重力が担っているためです。そのため、銀河はクラスター（集団）を好むことになります。

コロナ禍の時代、クラスターという言葉を聞くと、「おっ！　集団発生か！」と緊張が走りますが、銀河はお構いなしです。銀河は基本的には仲がよいということです。重力は寄り添う力だからです。

かみのけ座銀河団の中心部
二個の巨大銀河が中央部にあり、その周りに多数の銀河が群れている

図9-8　かみのけ座銀河団の中心部の様子

中央に見える二つの巨大楕円銀河はNGC 4874（右）とNGC 4889（左）。
https://ja.wikipedia.org/wiki/かみのけ座銀河団#/media/ファイル:Ssc2007-10a1.jpg

太った銀河

銀河団の例として、「かみのけ座銀河団」を見てみましょう（図9-8）。これはかみのけ座の方向に見える銀河の大集団で、銀河の個数は1000個以上です。銀河団の広がりは約1500万光年です。この銀河団までの距離は3・2億光年です。

中央に見える二つの巨大楕円銀河（NGC4874とNGC4889）は他の銀河に比べると、かなり巨大です。実は、これら二つの銀河は銀河団のメンバー銀河を食べて太ってしまったのです。銀河団の中は「共食い」が盛んな場所であることがわかります。

図9-8にはたくさんの銀河が見えますが、それぞれの銀河は銀河団の中をランダムに運動しています。ちょうど、楕円銀河の中の星々の運動と同じだと思えばよいです。典型的な銀河の質量はダークマター込みで、太陽の質量の1兆倍程度です。銀河団にはそういう銀河が1000個以上あるので、総質量は太陽の質量の1000兆倍を超えています。

端的に言うと、銀河団そのものがひとつの超巨大なダークマター・ハローの中にあるような感じです。銀河団内の銀河はこの重力場に捉えられています。したがって、銀河団から逃げ出すことはありません。銀河団の中を行ったり来たりしているだけです。観光旅行はできますが、場所は住んでいる銀河団の中だけです。基本は、「県境を跨がない」ということです。見上げた根性です。

銀河団の中でのソーシャル・ディスタンス

銀河群の中では、普通の銀河群でもコンパクト銀河群でも、ソーシャル・ディスタンス

図9-9　おとめ座銀河団の一部

上：東京大学木曽観測所・シュミット望遠鏡（口径 105cm）で撮影した可視光写真。**下**：上と同じ領域をヨーロッパ南天天文台・バレル・シュミット望遠鏡（口径 61cm）で撮影した可視光写真。こちらは淡い構造が見えるように長時間露出を行ったもの。写真に見える黒い穴は、天の川銀河の比較的明るい星があるため、ブロックして映らないようにしています。

上：東京大学木曽観測所・シュミット望遠鏡（口径 105cm）
http://www.ioa.s.u-tokyo.ac.jp/kisohp/IMAGES/pics/EXTRAGAL/virgo_half.html
下：ヨーロッパ南天天文台・バレル・シュミット望遠鏡（口径 61cm）
https://en.wikipedia.org/wiki/Virgo_Cluster#/media/File:ESO-M87.jpg

は保たれていませんでした。では、銀河団ではどうでしょうか？　今度は「おとめ座銀河団」を見てみましょう（図9-9）。この図に示されているのは、銀河団の一部だけです。上のパネルは、普通に露光した写真です。これを見ると、銀河がソーシャル・ディスタンスを保ちながら整然と分布しているように見えます。

ところが、長時間露出をかけて撮影してみると、下のパネルのようになります。ハローまで含めるとオーバーラップしそうな感じになっています。つまり、銀河団の中でも、ソーシャル・ディスタンスは保たれていないのです。重力に従うしかない銀河にとっては、お互い近づいていくしか道がないということです。

近傍宇宙の大規模構造

この章の最初で、銀河群、銀河団、およびボイドが作る宇宙の大規模構造の様子を見ました（図9-2）。図9-2はコンピューター・シミュレーションによるものでしたが、現実の宇宙における大規模構造を見ておくことにしましょう。

図9-10に天の川銀河周辺の10億光年以内の宇宙地図を示しました。この図には

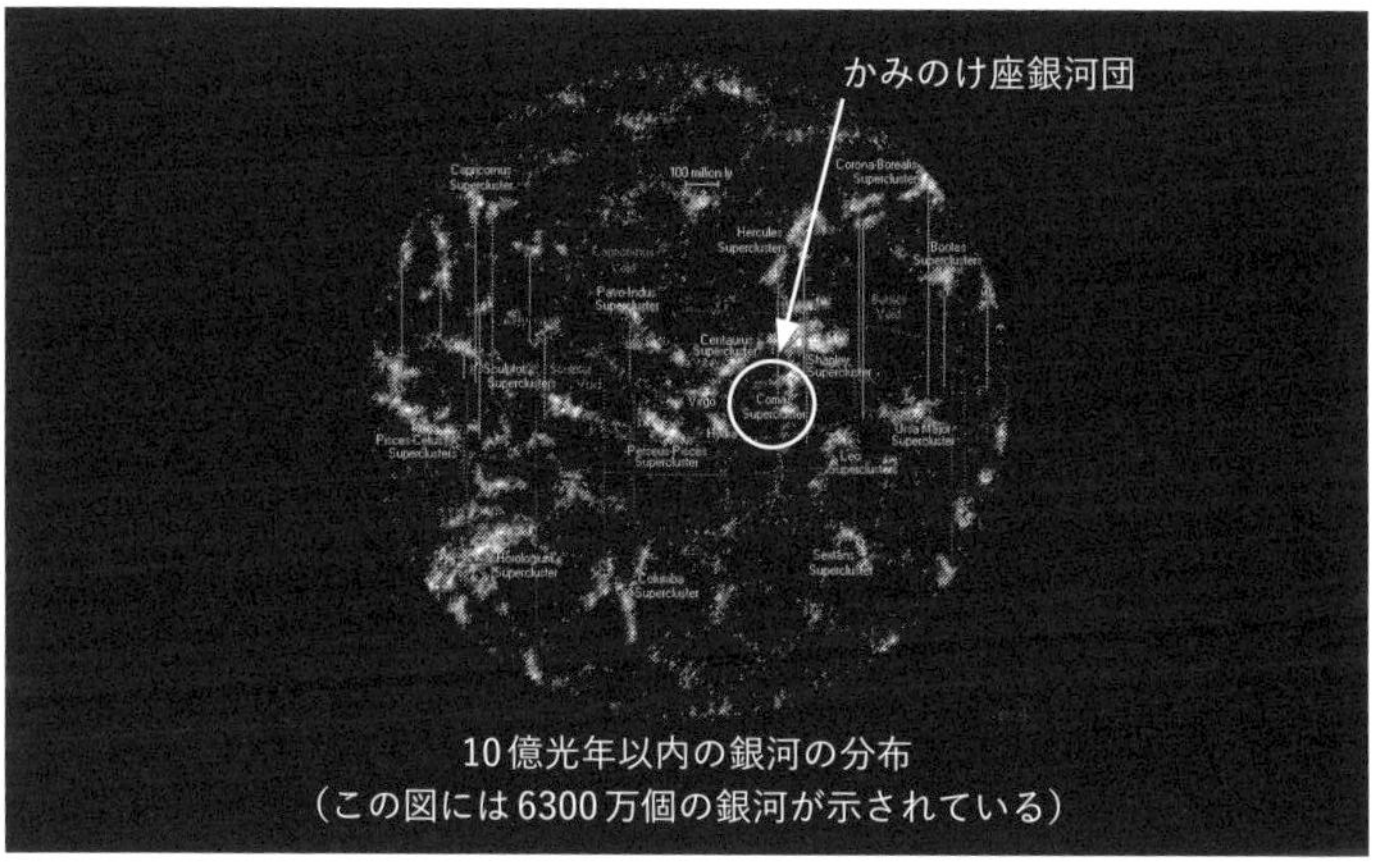
かみのけ座銀河団
10億光年以内の銀河の分布
（この図には6300万個の銀河が示されている）

図9-10　10億光年以内の宇宙における大規模構造

この図では1個の銀河が1個の点で表されています。上にある横棒はスケールで、1億光年に相当します。「かみのけ座銀河団」（図9-8）は丸印で示されています。その左横に「おとめ座銀河団」（図9-9）があります。天の川銀河は見えませんが、この図の中央にあります。
https://ja.wikipedia.org/wiki/ラニアケア超銀河団#/media/ファイル:Laniakea.gif

6300万個もの銀河がプロットされています。みんな、群れに群れているという感じで、銀河が分布しています。

銀河団同士は離れているように見えますが、ダークマター・ハローが銀河団にも付随していることを忘れてはいけません。かくして、銀河も、銀河群も、銀河団もソーシャル・ディスタンスは無視して宇宙に分布しているのです。

9-4 集うが、県境はまたがない

銀河の移動できる距離

群れる銀河の例として、銀河群と銀河団を見てきました。両者における銀河の典型的な移動速度はそれぞれ秒速100キロメートルと秒速1000キロメートルです。銀河団のほうが速い速度なのは、銀河団のほうが重いので、銀河の運動エネルギーが大きいためです。

銀河群と銀河団の場合

銀河群の場合、銀河の運動速度は秒速100キロメートルなので、10億年の時間をかけると、約30万光年移動することができます。これは銀河群の大きさに比べて小さい距離です。

一方、銀河団の場合、銀河の運動速度は秒速1000キロメートルなので、10億年の時間をかけると、約300万光年移動することができます。これも銀河団の大きさに比べて小さい距離です。

マナーは守る

ということで、銀河群でも銀河団でも、抜け出すことは難しいのです。つまり、銀河は集《つど》うのですが、マナーを守り、県境はまたがないようにしているのです。

正確にいうと、「群境をまたがない」、あるいは、「団境をまたがない」でしょうか。

ところで、銀河の移動速度はそれぞれ秒速100キロメートルと秒速1000キロメートルとしましたが、これは時速にすると、それぞれ36万キロメートルと360万キロメートルです。東北新幹線の「はやぶさ」が止まって見える感じです。

ものすごい速度ですが、それでも宇宙を旅行するのは大変だということです。

第10章

銀河の結婚観と三密問題

10-1 銀河の結婚

銀河のお見合い

第9章の連銀河のところで見たように（9-2節、図9-3）、銀河はある程度近づくと、重力的に相互作用するようになります。お互いの重力圏に捉えられた場合は、合体して最終的にはひとつの銀河になってしまいます。

ただし、単に遭遇しただけで、その後は離れ離れになってしまうこともあります。二つの銀河の質量が十分あるか？　そして、どの程度の距離まで近づいたか？　これらの要素が二つの銀河の運命を決めます。

例えば、アープ284という連銀河はどうでしょうか？（図10-1）。右側のNGC7714という銀河の中心領域では星が大量に産まれています。太陽の質量の10倍以上

図10-1　スターバースト銀河NGC7714

NGC7714は右に見える銀河。左隣にパートナーであるNGC7715がある。
（ハッブル宇宙望遠鏡）

の大質量星が数万個も生まれているのです。このような現象は「スターバースト」と呼ばれています。スターバーストが発生する銀河はスターバースト銀河と呼ばれますが、この銀河がスターバースト銀河と呼ばれた第1号です。

左側に見えるNGC7715との重力相互作用で、潮汐力が働き、二つの銀河の間には腕のような構造が伸びています。まるで、「行かないで」と行っているようにも見えます。せっかくのお見合いでしたが、このあとは離れていくのかも知れません。

連銀河は、銀河の結婚と考えても良いでしょう。銀河の結婚は、たまたま近くにあった銀河同士に限られます。したがって、恋愛結婚というよりは、見合い結婚です。ただ、最初から近くで生まれたので、許嫁《いいなずけ》同士だったことになります。つまり、仕組まれた結婚というわけです。

なお、遠距離恋愛は不可能です。重力の効果が弱すぎるからです。しかも、前章の最後で見たように、銀河は長距離の移動をしないためです。

上手くいっているケース

アープ284のケースは、出会ったものの、別れていくお見合いかも知れません。そこで、上手くいっているケースも見ておきましょう。それはアンテナ（触角）銀河と呼ばれるものです（図10-2）。確かに、名前のとおり、カミキリムシのような昆虫の触覚の形に似ています。

アンテナ銀河は、まさに二つの渦巻銀河が衝突している最中です。アンテナ銀河の形を再現するコンピューター・シミュレーションを見てみましょう（図10-3）。この図の上のパネルを見るとわかるように、二つの銀河（円盤銀河）がお互いの周りを軌道運動しています。その結果、銀河に含まれていた星々が潮汐力の効果で引き出され、長い二本のテー

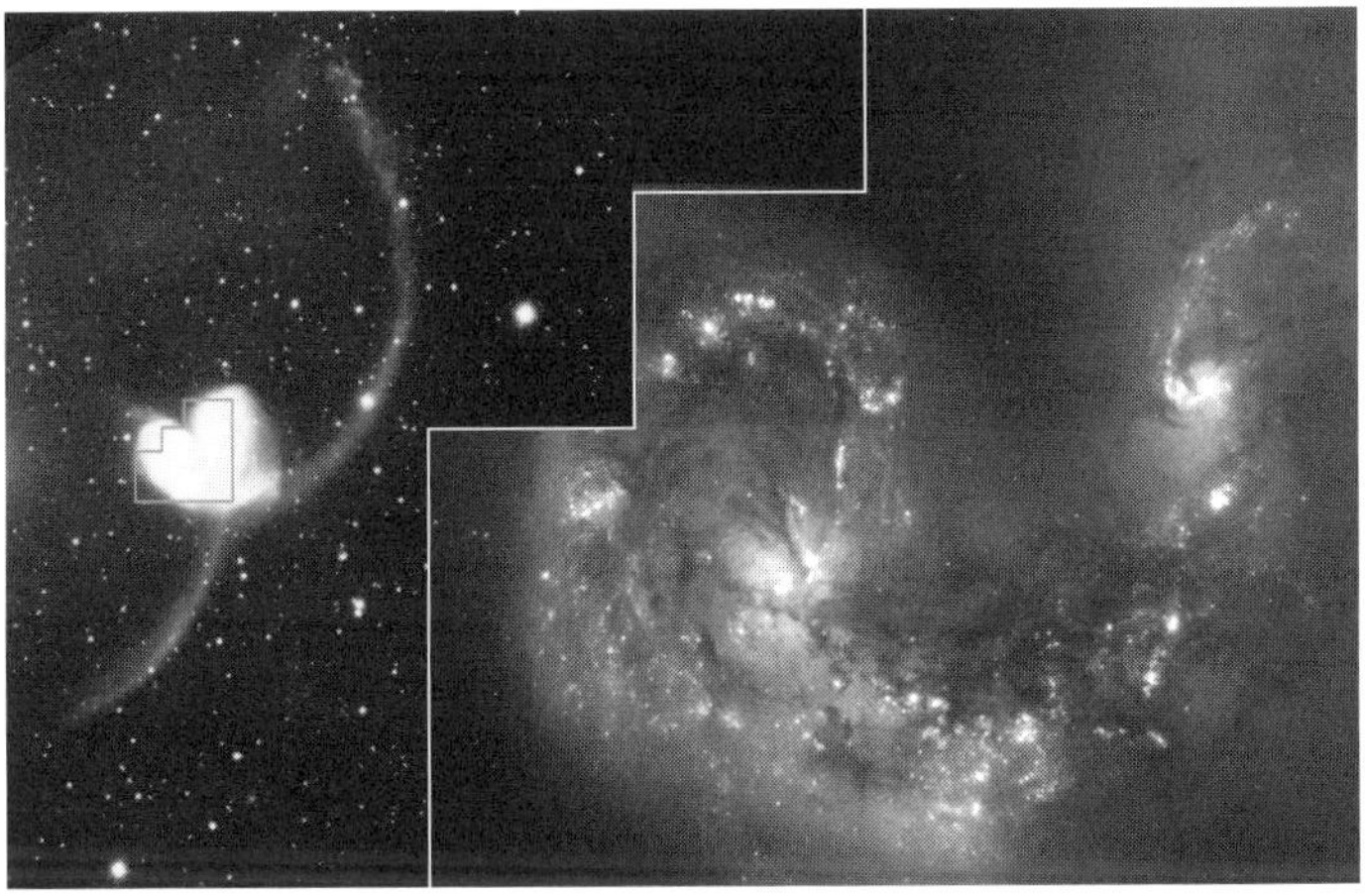

図10-2　アンテナ銀河（触角銀河）

右がNGC4038、左がNGC4039という別々の名称がついています。
(NASA/ESA/STScl)http://hubblesite.org/gallery/album/galaxy_collection/pr1997034a/

ル（尾）を形作っているのです。私たちは、たまたまこのシステムが触角のように見える方向から観測しているというわけです（図10-3下）。

ところで、図10-2の右側にはハッブル宇宙望遠鏡が撮影した中心部のクローズアップ写真がありますが、激しい勢いで星が誕生している様子が捉えられています。これも、スターバーストです。銀河の恋愛にはスターバーストがつきもののようです。

三角関係？

連銀河の例をもうひとつ見てみましょう。M81とM82です（図10-4）。「おおぐ

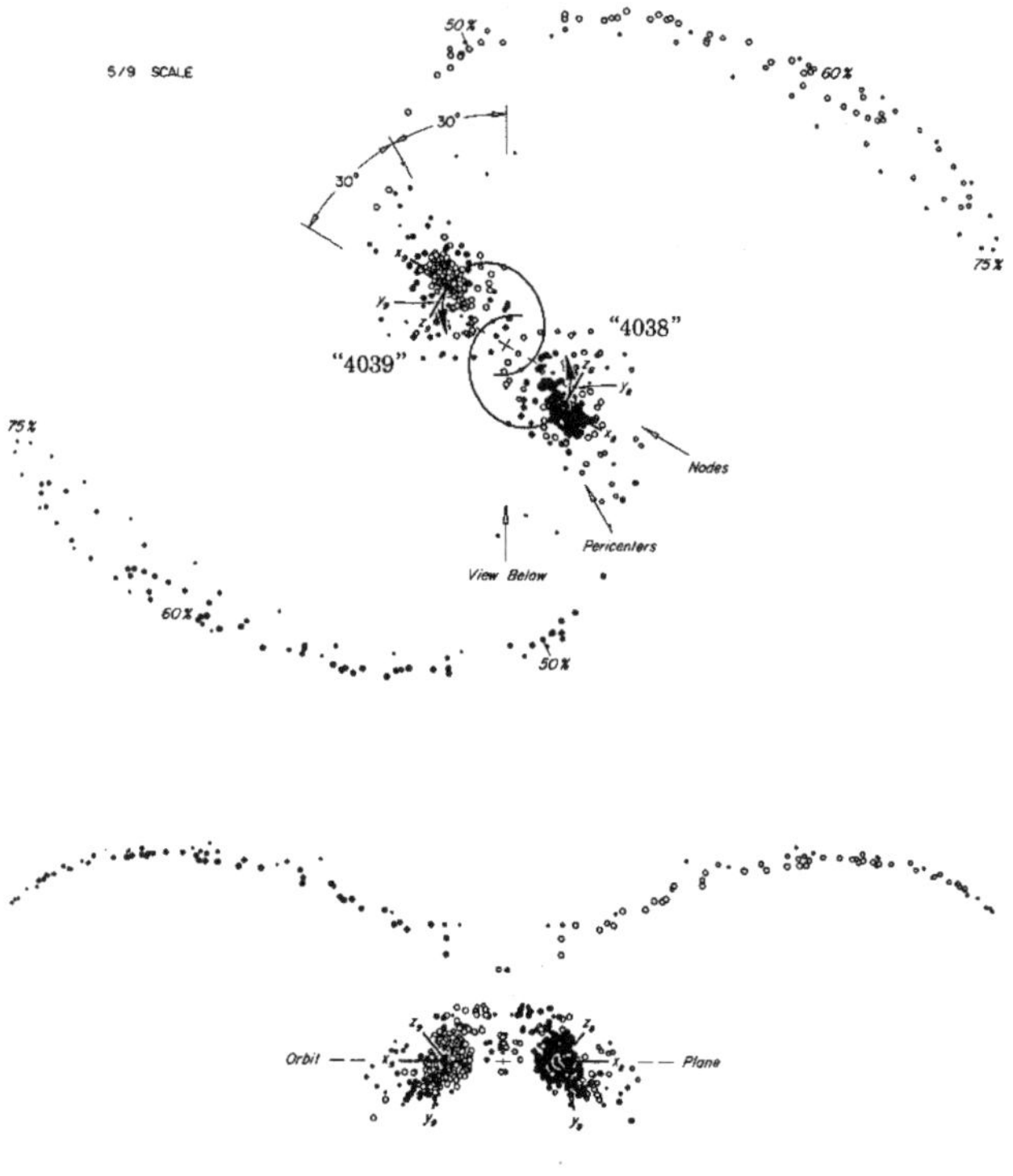

図10-3　アンテナ銀河の形状を再現するコンピューター・シミュレーション

もしこの銀河を天球面に沿った方向から眺めると、上のパネルに示したような状態になります。私たちはたまたまこのシステムがアンテナのような形状に見える角度から観測しているのです。(Toomre & Toomre 1972, ApJ,178, 623)

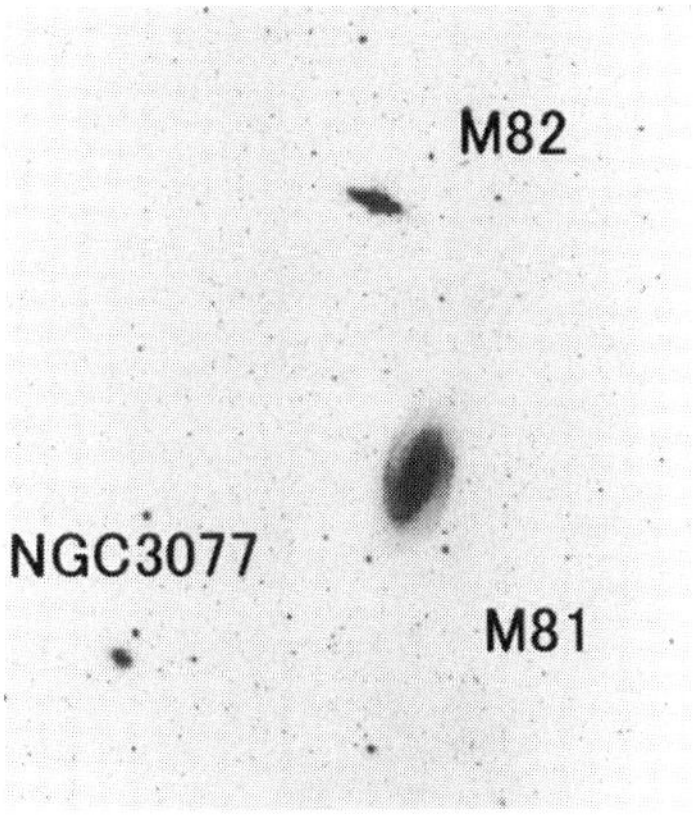

図10-4　M81の形作る銀河群

上に見えるのがM82、左下に見えるのがNGC 3077。(Digitized Sky Surveyのイメージを用いて合成)

ま座」の方向に見えるもので、距離は1200万光年です。比較的近くにあるので明るく、双眼鏡があればその姿を見ることができます。

M81は2本のきれいな渦巻を持っています。グランド・デザイン渦巻銀河と呼ばれています。一方、M82はNGC7714と同様にスターバーストが発生しており、その影響でガスが円盤と直交する方向に吹き出ています。銀河風、あるいはスーパーウインドと呼ばれる現象です。

M81とM82は一見すると、連銀河に見えます。しかし、図10-4を見るとわかるように、左下のほうにもうひとつ小さな銀河があります。NGC3077という名前の

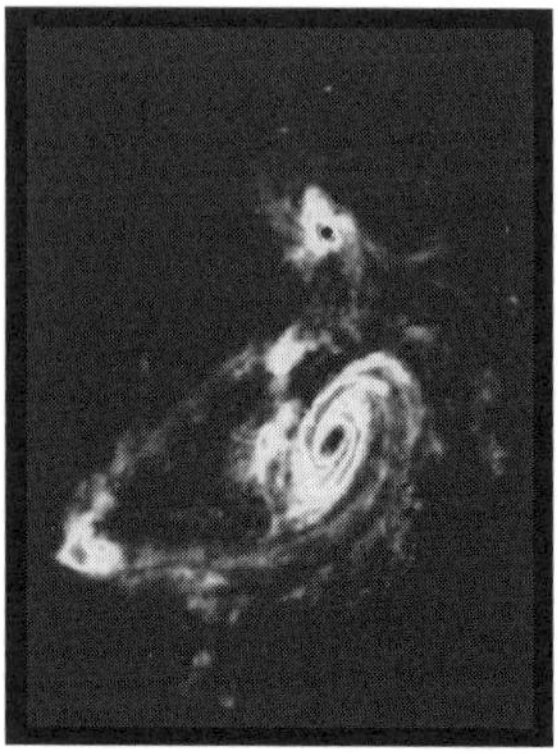
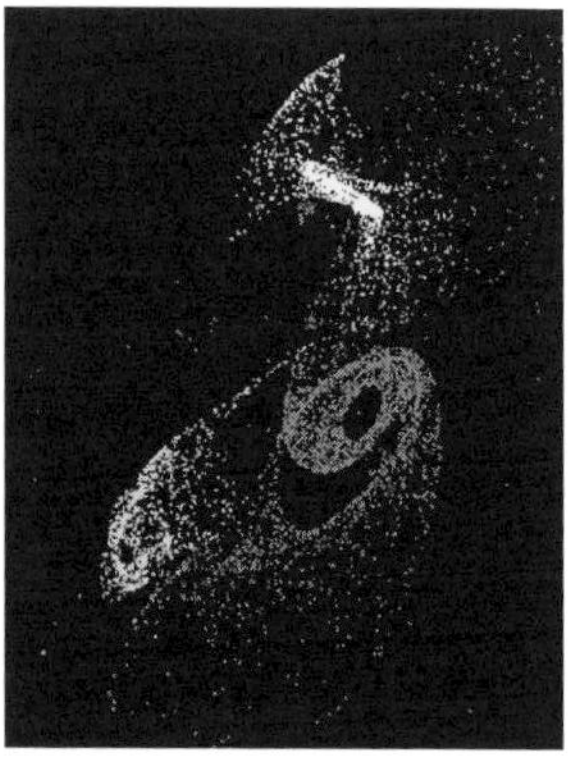

図10-5　（左）M81、M82、そしてNGC 3077を結ぶ中性水素原子ガス雲の分布　（右）3つの銀河の運動を再現するコンピューター・シミュレーション

左：http://www.aoc.nrao.edu/~myun/m81hi.gif
右：http://www.aoc.nrao.edu/~myun/m81model.gif

銀河です。実はこれら3の銀河は銀河群として存在しています。

一見するとこれらの3つの銀河は独立していて、相互作用しているようには見えません。ところが中性水素原子ガス雲の分布を調べてみると（図10-5左）、3つの銀河はつながっていることがわかります。

実際に3つの銀河の相互作用をコンピューター・シミュレーションで調べてみると（図10-5右）、3つの銀河をつなぐ中性水素原子ガス雲の分布を見事に再現できるのです。つまり、3つの銀河はしっかりと相互作用していたのです。

3つの銀河の関係は三角関係なのかも知

れません。ただ、NGC3077はM81とM82に比べると小さな銀河なので、子ども連れで宇宙を旅しているのかも知れません。

天の川銀河の結婚

さて、連銀河と銀河群を見て、銀河の結婚について考えてみました。重力の効果で近くにいた銀河同士が結婚することはわかりました。では、天の川銀河はどうでしょうか？実は、アンドロメダ銀河と結婚する予定です。その様子を図10-6に示します。

アンドロメダ銀河は、現在は250万光年離れた位置にいますが、秒速300キロメートルの速度で天の川銀河に近づいてきています。その意味するところは、二つの銀河はいずれ衝突して、合体していくということです。

図10-6にあるように、最初の衝突は約40億年後に起こります。それから10億年経過したとき（50億年後）にもう一度ぶつかり、さらに10億年が経過すると（60億年後）完全に合体してひとつの巨大な楕円銀河になってしまいます。

つまり、60億年後には天の川銀河が消え、アンドロメダ銀河も消えているのです。図

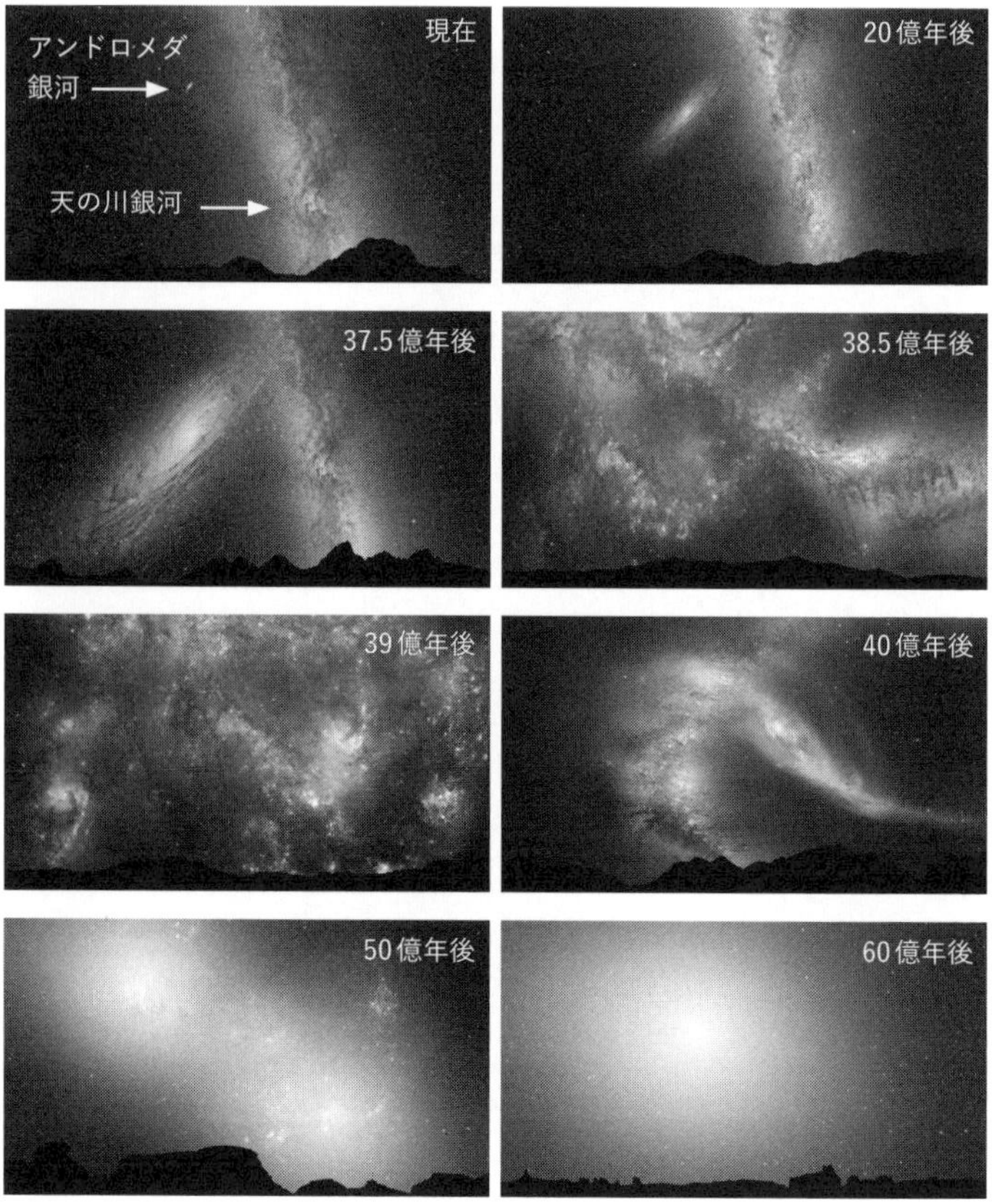

図10-6　天の川銀河とアンドロメダ銀河が衝突、合体していく様子

http://hubblesite.org/news_release/news/2012-20
Science Illustration Credit: NASA, ESA, Z. Levay and R. van der Marel (STScI), and A. Mellinger
Science Credit: NASA, ESA, and R. van der Marel (STScI)

10⁻6の一番右下のパネルを見ると、愕然とします。60億年後、夜空を眺めたら、夜空にはぼうっとした光芒が見えるだけだからです。オリオン星雲や、天の川の特徴でもあった暗黒星雲も消え、退屈な夜空になってしまうのです。天体観望をするなら、今のうちです。

接待なのか？

ここまで、銀河同士の衝突・合体を銀河の結婚として議論してきました。2個の銀河が1個の銀河になったので、これを結婚と言えるのかという気もします。

一方、見方を変えると、銀河同士の接待であると考えることもできます。「銀河さん、いらっしゃい」と言っているうちに、衝突・合体し、別な銀河として生まれ変わるようなものです。

もし、これが銀河の世界における接待なら、やはり接待は危険であるということです。何しろ、自分自身がこの宇宙から消えてしまうからです。接待には気をつけましょう。

10-2 銀河の離婚

結婚の後

さて、銀河の衝突・合体を銀河の結婚、あるいは接待として見てきました。結婚したと思ったら、1個の銀河になったわけで、いきなり「やもめ暮らし（一人暮らし）」になっています。これでは、結婚した甲斐がありません。

そこで、結婚してできた新たな銀河はこう思うかも知れません。「なんとか、離婚できないだろうか？」できることなら、元の2個の銀河に戻りたい。そうすれば、また別の人生（銀生か？）があるかも知れない。

そう思う気持ちもわからないではありません。しかし、それは無理です。ひとつの銀河になったということは、2個の銀河にあった星々がもう既に混ざり合っています。また、ダークマター・ハロー同士も合体して、ひとつの巨大なダークマター・ハローになっています。

水とお湯を混ぜて、ぬるま湯を作りました。では、その後、分離して、元の水とお湯にできますか？　こう問われているようなものです。結局、結婚した銀河は離婚できないのです。

離婚への道

元の2個の銀河には戻れません。しかし、結婚してできた1個の銀河が2個になる道は残されています。

その方法はフィッション（fission）です。原子物理の世界では核分裂のことですが、一般には分裂という意味です。つまり、1個の銀河が分裂して2個になることができれば、元には戻れないものの、形式的には離婚の成立ということになります。

分裂の方法は二つ思いつきます。自力本願型と他力本願型です。ただし、両方とも現実的な方法ではありません。不要不急のお話として楽しんでください。

自力本願型離婚への道

まず、自力本願型の分裂ですが、ここでのキーワードは回転です。仮に、銀河の回転運動が速くなるにつれて、銀河はどんどん平べったく変形していき、円盤状になります。さらに回転速度を上げていくと、円盤の中央部が凹んだような形状になります。そして、さらに回転速度をあげると、バチンと円盤が割れて二つ（あるいはそれ以上の個数）になります。

面白いメカニズムですが、実際の銀河では起こりえません。そもそも、そんなに回転速度を自分で上げていくことはできないからです。

この方法が適用できる可能性があるのは星です。大質量星（太陽質量の10倍以上の質量を持つ星）は、最終的に中心部における熱核融合が終わります。それまで、中心部で発生していた熱核融合で出てくる圧力で星が潰れるのを防いでいました。それがなくなるので、星全体が重力で潰れていき、中心部に中性子がぎっしり詰まったコアができます。中心部以外のガスはこのコアに当たって砕けとび、超新星爆発を引き起こします。そして、コアは残り、中性子星となります（非常に重い星の場合は、重力崩壊してブラックホールになると考えられています)。

元々、星は自転していたので、出来上がった中性子星も自転しています。中には、1秒間に1000回も自転しているものもあります(自転周期が0・001秒!)。もし、もっと速く自転していれば、分裂の可能性はあります。ただ、今のところそのような観測例は見つかっていないので、夢物語なのかも知れません。

他力本願型離婚への道

次は、他力本願型の分裂です。これは非常に質量が大きく、コンパクトな天体の助けを借りる方法です。その天体は、予想された通り、ブラックホールです。現在観測されている最も重いブラックホールは太陽質量の100億倍のものです。銀河の分裂に役立ちそうなブラックホールはもっと重いものです。銀河の質量が太陽質量の1000億倍から1兆倍あります。したがって、それよりも何桁も重い超・超大質量ブラックホールが必要になります。

離婚したい銀河がこの超・超大質量ブラックホールに近づいていきます。まっすぐ落ち

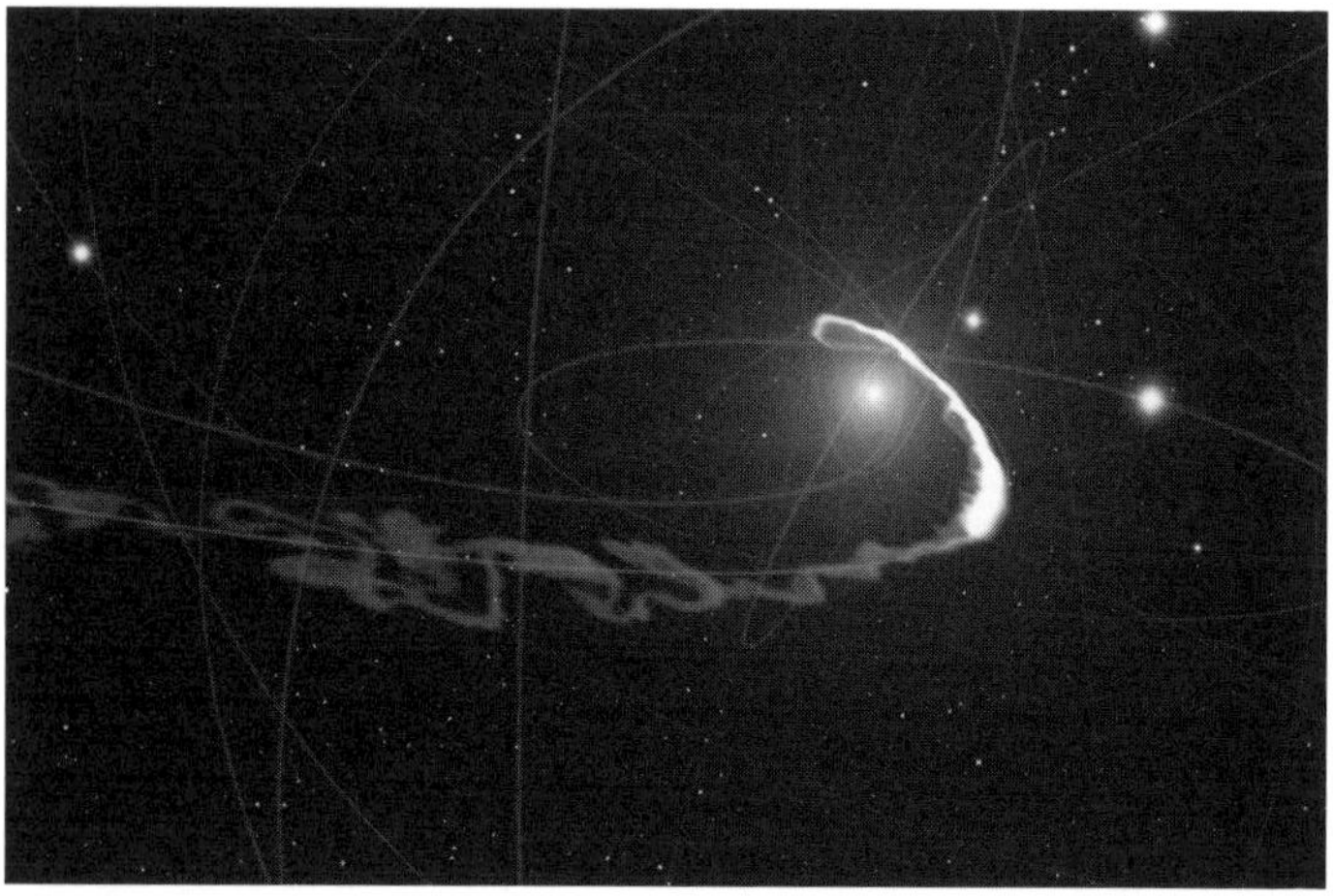

図10-7　「いて座A*(エースター)」に近づいていったガス雲G2で期待された現象のコンピューター・シミュレーション
https://www.eso.org/public/images/eso1332b/

込んでいくのではなく、少し距離を置いて近づいていきます。オフセット衝突と呼ばれる衝突です（お互いの中心を結ぶ線上ではなく、ずれてぶつかる衝突のことです）。そうすると、銀河が超・超大質量ブラックホールの脇をすり抜けるとき、超・超大質量ブラックホールから強い潮汐力を受けます。この潮汐力で分裂させてもらうのです。

２０１３年、銀河ではなくガス雲ですが、この潮汐力破壊の現場が観測されるのではないかと期待されました。天の川銀河の中心（「いて座A*（エースター）」と呼ばれています）にある超大質量ブラックホール（太陽質量の約４００万倍の質量を持っています）に、Ｇ２と名付けられたガス雲が突っ込んでいったのです。このガス雲はオフセット軌道で「いて座A*（エースター）」に近づいていったので分裂が起こると期待されたのです（図10-7）。

世界中の天文学者が固唾《かたず》を呑んで観測しましたが、残念ながらG2の分裂は起こりませんでした。軌道が予想通りではなかったのかも知れません。

この他力本願型の分裂方法のほうが、現実味はあります。しかし、銀河を潮汐力で破壊するには、ブラックホールの質量はとんでもなく重くなければなりません。

例えば、銀河団の中の銀河がすべて合体して1個の銀河になったとします。すると、その中心には銀河の中にあった超大質量ブラックホールがすべて合体して、より重い質量の超大質量ブラックホールができます。合体した銀河の平均質量が太陽質量の1000億倍とします。銀河団に1000個の銀河があったとすると、合体で生まれた1個の銀河の質量は太陽質量の100兆倍になります。超大質量ブラックホールの質量は銀河本体の約1／1000です。したがって、超巨大銀河の中心にできた超大質量ブラックホールの質量は太陽質量の1000億倍でしかありません。つまり、結婚した銀河程度の質量です。これでも潮汐力の影響は出ますが、分裂させるにはもっと重い超・超大質量ブラックホールが欲しいところです。

10-3

再婚はできるのか？

できます

さて、一度結婚した銀河は、離婚はできそうもないことがわかりました。そこで、気になるのが、結婚した銀河は再婚できるのかという問題です。

ケースバイケースですが、再婚できる確率は比較的高いと予想されます。なぜなら、第9章で見たように、銀河は群れて暮らしているからです。

そこで、銀河の再婚問題について考えてみましょう。銀河の再婚の可能性を調べる場合、一番よい例はコンパクト銀河群です（9-2節）。

図10-8　HCG16という名前のコンパクト銀河群

4個の渦巻銀河から成っています。4個の銀河の名前は右からNGC 833、NGC 835、NGC838、そしてNGC 839です。
https://en.wikipedia.org/wiki/Galaxy_group#/media/File:Hubble_views_bizarre_cosmic_quartet_HCG_16.jpg

コンパクト銀河群の行方

簡単にするため、4個の銀河から成るコンパクト銀河群を考えることにしましょう。図10-8に示したのはHCG16という名前のコンパクト銀河群です。

さて、4個の渦巻銀河がありますが、これらはいずれ合体してひとつの楕円銀河になります。3個以上の銀河の合体は多重合体と呼ばれています。最近よく耳にする言葉を使えば、銀河の「会食」のようなものです。

では、4個の銀河の多重合体はどのように進行するでしょうか？　例えば、4個の銀河が一斉に合体を始めて、1個の銀河になるでしょうか?(図10-9)もちろん、多重合体の様子は、銀河が銀河群の中でどのような軌道運動をしていたかに依存します。しかし、4個の銀河が一斉に合体に向かうというケースは稀《まれ》です。したがって、図10-9のような多重合体はほとんど起こりません。

では、多重合体はどのように起こるのでしょうか? そのキーワードは「ペアリング」です(図10-10)。

[1] まず、2個の銀河が合体します。残り2個の銀河も合体します。この結果、2個の銀河ができます。

[2] そして、この2個の銀河が合体して、最終的に1個の銀河になっていきます。

これが多重合体の基本です。そして、待ち望んだ銀河の再婚は[2]のプロセスで起こっているのです。

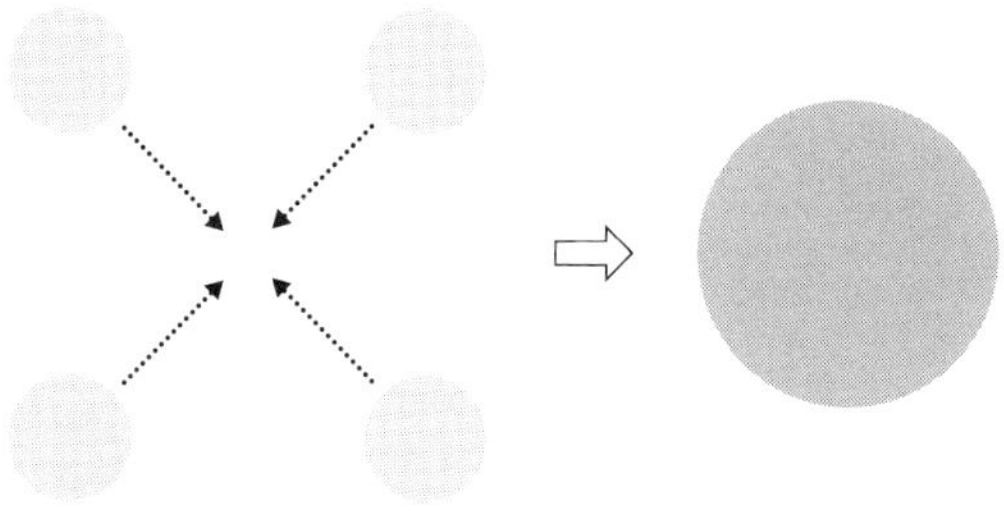

図10-9　4個の銀河が一斉に合体して、1個の銀河になる

4個の渦巻銀河から成っています。4個の銀河の名前は右からNGC833、NGC835、NGC838、そしてNGC839です。
https://en.wikipedia.org/wiki/Galaxy_group#/media/File:Hubble_views_bizarre_cosmic_quartet_HCG_16.jpg

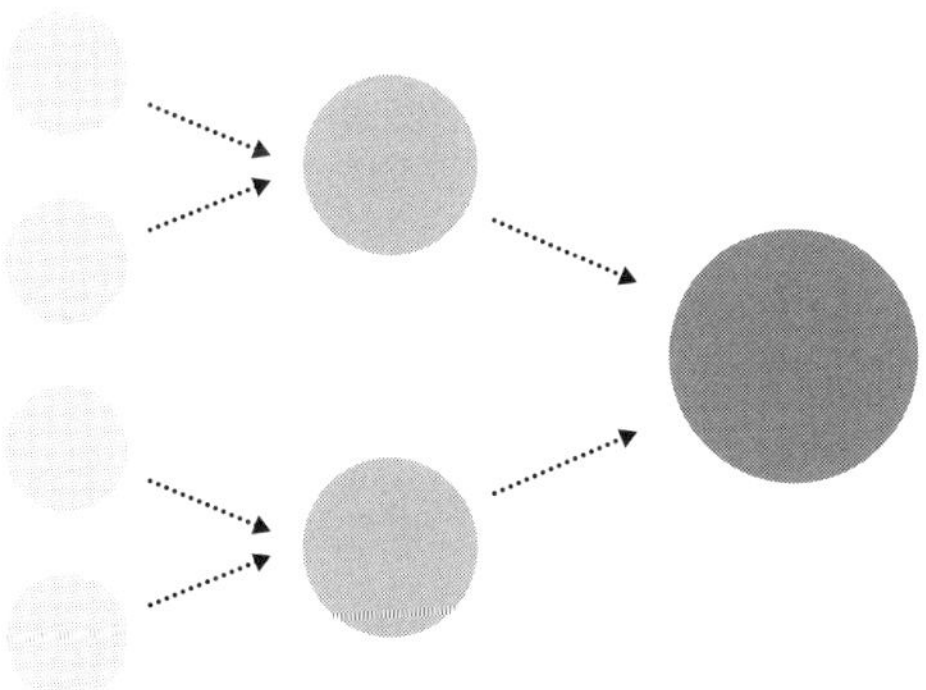

図10-10　銀河の多重合体の基本

4個の銀河が2個ずつ合体して（最初のペアリング＝結婚）、2個の銀河ができます。その2個の銀河が合体し（二度目のペアリング＝再婚）、最終的に1個の銀河ができます。

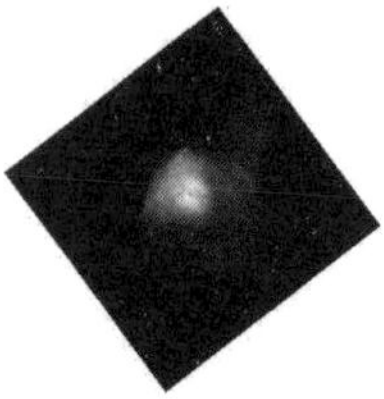

図10-11　アープ220の可視光写真

左：ハッブル宇宙望遠鏡撮影、**右：**すばる望遠鏡撮影。すばる望遠鏡の写真では、本体の右側で上と下に伸びる構造が見えていますが、これは銀河の合体で生じる潮汐腕と呼ばれる構造です。アープ220までの距離は約2億5000万光年です。なお、この銀河の多重合体については、拙著『ついに見えたブラックホール 地球サイズの望遠鏡がつかんだ謎』（丸善出版、2020年）の第7章を参照してください。

銀河の会食

では、銀河の会食である多重合体銀河の例を見てみましょう。アープ220という名前の銀河です（図10-11）。ハッブル宇宙望遠鏡の写真（左）では銀河の明るい場所だけが撮影されていますが、すばる望遠鏡の写真（右）を見ると淡い構造が銀河本体の外側まで拡がっていることがわかります。

多重合体銀河はコンパクト銀河群の行き着く先です。現在観測されているコンパクト銀河群はいずれ多重合体銀河に進化していくのです。それが進化なのか、退化なのかはわかりません。しかし、銀河が再婚を楽しんだ証拠です。祝福してあげましょう。

五つの「小《こ》」は守られるのか?

人類は長い間ウイルスとつきあっています。今回の新型コロナウイルスで指摘されたことは、大人数での会食がよくないということです。そのため、「五つの〝小《こ》〟を守ろう」という提言がなされています。その提言は次のようになっています。

・小人数
・小一時間程度
・小声
・小皿に分ける
・小まめなマスク、換気、消毒

「小人数」の定義は「4人以下」のようです。銀河の多重合体の場合、コンパクト銀河群

図10-12　(左)アンドロメダ銀河、(右)魚の口。

アンドロメダ銀河：東京大学木曽観測所

http://www.ioa.s.u-tokyo.ac.jp/kisohp/IMAGES/pics/EXTRAGAL/M31.html

イラスト：『アンドロメダ銀河のうずまき』(谷口義明、丸善出版、2019年、はじめに iii ページ)

の銀河数は4個程度が多いので、まあ守られています。しかし、5個や6個の場合もあるので、厳密には守られていません。

「小一時間程度」は守られていません。銀河の多重合体にかかる時間は少なくとも10億年です。長い場合は数十億年です。論外という感じでしょうか。

「小声」はどうでしょうか？　日常生活で私たちの話し声は、空気の振動が伝わることで聞こえてきます。宇宙には空気はありません。銀河の中には星間物質と呼ばれる希薄なガスがありますが、密度は1cc当たり、水素原子が1個ある程度です。したがって、銀河の中では音は聞こえません。そのため、小声は守られています。

「小皿」に分ける。銀河は大きいので（10万光年）、小皿には縁がありません。超大皿で食事を摂ることになります。

「小まめ」なマスク、換気、消毒。さすがにこれはしません。例えばマスクですが、銀河のかけるマスクとは、どんな大きさなのでしょうか？　第1章で紹介した、宮沢賢治の『星めぐりの歌』を思い出してください。

アンドロメダの　くもは
さかなのくちの　かたち。

（『【新】校本 宮澤賢治全集』第六巻、本文篇（筑摩書房、1996年）、329頁）

アンドロメダのくも。これはアンドロメダ銀河そのものですが、それが口だというのです（図10-12）。そうであれば、マスクは銀河全体を覆う必要があります。アンドロメダ銀河の大きさ（星々で見えている円盤の大きさ）は13万光年。つまり、必要なマスクの大きさも13万光年になります。とんでもなく高額のマスクになると思います。いずれにしても、どうも銀河は不真面目なのかも知れません。

10-4 銀河の「三密問題」

密閉の問題

この節では、銀河の「三密問題」について考えてみることにしましょう。まずは、密閉の問題です。

銀河はダークマター・ハローに守られて、豪邸に住んでいるという話を第4章でしました。ダークマター・ハローは可視光で見える銀河本体（星々）の数倍にも広がっています。しかし、その端に何か境界があるわけではありません。つまり、銀河は密閉された場所にはいません。

ダークマター・ハローの外側には宇宙空間（銀河と銀河の間という意味では、銀河間空間とも呼ばれます）が広がっています。そこには希薄なガスがあるだけです。なぜか宇宙空間は電離しているので、電離ガス（プラズマ）があります。とはいえ、プラズマ（陽子や電子）の個数密度は1立方センチメートル当たり、わずか0・1個程度です。

また、ダークマターもありますが、やはり密度はかなり低くなっています。ダークエネルギーもありますが、宇宙を膨張させているだけで、銀河に影響はありません。

というわけで、銀河には密閉の問題はありません。

密集の問題

次は、密集の問題です。これは深刻な問題になっています。

銀河のような構造を作るのは「重力」です。重力は引力なので、そもそも銀河は密集するように仕組まれているのです。実際、これまで見てきたように、多くの銀河は連銀河、銀河群、そして銀河団の中に住んでいます。

現在、宇宙の年齢は138億歳です。この時代、銀河はまだ密集化の最中にいます。

例えば、天の川銀河はアンドロメダ銀河などと一緒に、局所銀河群の中に住んでいます。

しかし、既に述べたように、天の川銀河はアンドロメダ銀河と合体し、ひとつの巨大な楕円銀河に姿を変えていきます。このような合体は、いずれ局所銀河群の全体に及びます。つまり、局所銀河群の中にあるすべての銀河が合体して、ひとつの超巨大な楕円銀河になっていくのです。

今から1000億年後ぐらいに起こる出来事です。その時が来れば、銀河の密集問題は解決しています。

密接の問題

最後は、密接の問題です。第9章で見たように、銀河は群れて、集う性質を持っています。そして、この章で述べたように、銀河は衝突し、合体していく運命にあります。つまり、銀河は明らかに密接の問題を抱えています。

密接の極致は10-3節で紹介した、銀河の多重合体です。コンパクト銀河群があれば、必ず多重合体が起きます。コンパクト銀河群はたくさんあるので、結局、宇宙では頻繁に多重合体も起きています。10-3節ではその例としてアープ220を紹介しましたが（図10-11）、他にもたくさんの例が見つかっています（図10-13）。

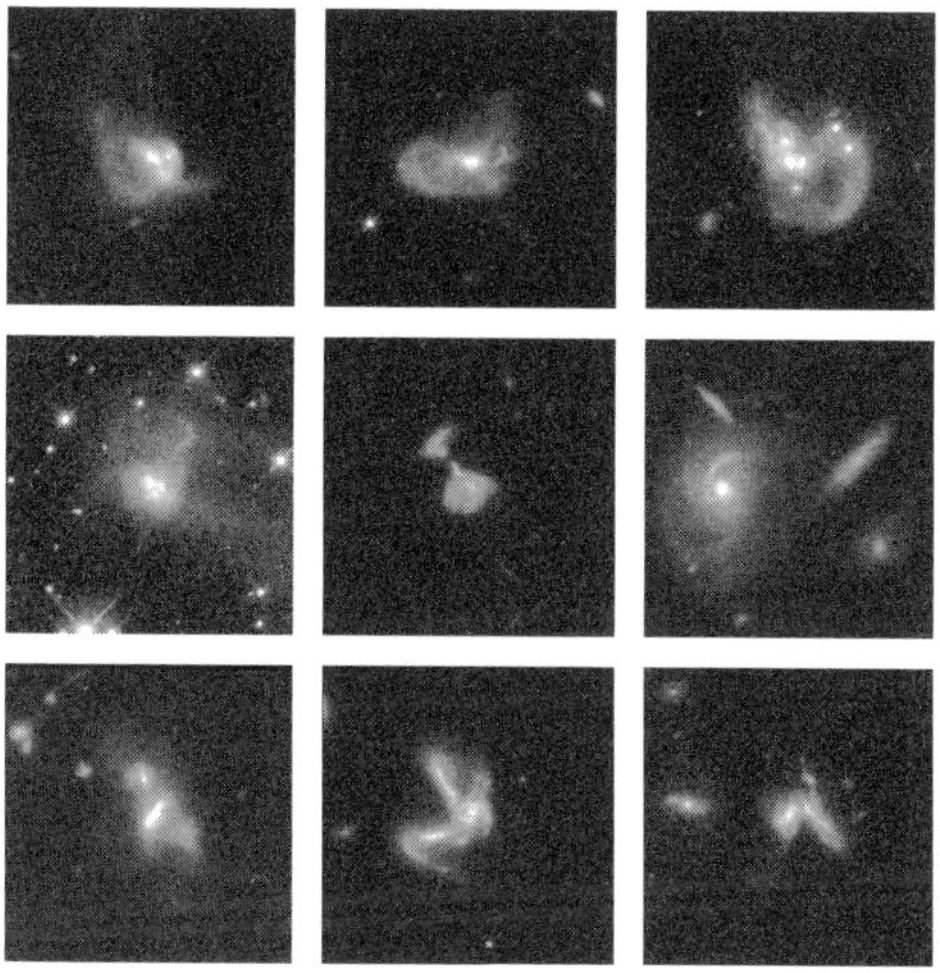

図10-13　ハッブル宇宙望遠鏡が撮影した超高光度赤外線銀河の可視光写真
(NASA/ESA/STScl)

銀河の合体では、ガス雲同士が激しく衝突するため、ガス雲の密度が上昇して星がたくさん生まれるようになります。それがスターバーストと呼ばれる現象でした。ガス雲の中にはダストもたくさんあります。これらのダストは生まれた星々の光で温められ（といっても温度は30Kから50K程度です）、赤外線を強く出すようになります。

このような性質があるため、多重合体銀河は赤外線のサーベイで発見されます。赤外線の光度は太陽光度の1兆倍にもなります。そのため、このような銀河は「超高光度赤外線銀河」と呼ばれています。図10-13に示したのは、その例で

図10-14　現在における銀河の「三密問題」
密閉の問題はありませんが、密集と密接問題は、重力の効果のため、深刻な状況になっています。

す。銀河の多重合体が起きつつある様子がわかります。

銀河における「三密問題」の行方

ここまで見てきた銀河の「三密問題」を整理しておくことにしましょう。まず、密閉の問題はありませんでした。しかし、重力に支配された銀河の成長は、密集と密接の問題を引き起こします（図10-14）。この図のまとめは、現在の宇宙での状況です。

では、将来はどうでしょうか？　先ほど述べたように、天の川銀河が属する局所銀河群は、群内にあるすべての銀河が合体し

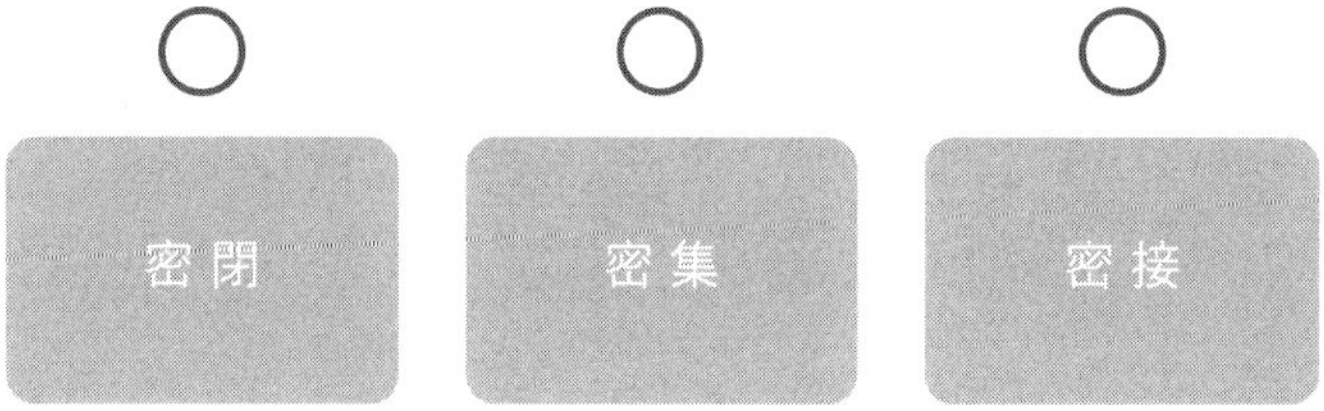

図10-15　1000億年後における銀河の「三密問題」
すべて解消されています。

てひとつの超巨大楕円銀河になっていきます。つまり、数百万光年もの広大な空間に、1個の銀河しかありません。そこでは、もう密集・密接の問題は解消されています。

また、別な効果によっても、銀河の密集・密接の問題は解消されます。私たちの住んでいる宇宙は膨張しています。ダークエネルギーはこの膨張を加速させています。そのため、今後も宇宙の膨張はどんどん進んでいきます。その結果、「レッドアウト」という現象が起きます。これは近くにある銀河の遠ざかる速度が光速を超えて見えなくなってしまう現象です。物質の運動速度や電磁波の伝播速度は、光速を超えることはできません。しかし、空間の膨張速度はその制約を受けません。銀河は空間にいるわけですが、自分のいる空間が光速を超えても空間の膨張のなすままに遠ざかっていけるのです。

この「レッドアウト」は、今から約1000億年後に起こります。その時を迎えると、目を凝《こ》らして宇宙を眺めても、自分の住んでいる銀河以外はまったく見えなくなっているのです。したがって、重力で集まってくる銀河も、まわりにはありません。宇宙膨張が銀河を孤立させるのです。したがって、密集・密接問題は1000億年後に完全に解決します（図10-15）。ご安心ください。

第11章

銀河の世界にウイルス問題はあるのか

11-1 幽霊エネルギー

銀河におけるウイルス問題

現在、人類は新型コロナウイルスの問題を抱え、大変な時代を迎えつつあります。私も半年以上、テレワークが続き、あらゆる会合や講義はオンラインで行っている状況です。人類の歴史を振り返れば、幾多のウイルス問題がありました。結局のところ、ウイルスと共存しながらこれからもやっていくしかないのだろうと思います。

ところで、銀河の世界にはウイルス問題はあるのでしょうか？　結論から先に言うと、ありません。しかし、永遠の存在のように思われる銀河にも死は訪れます。ここでは、銀河の死に至るプロセスをウイルス問題として見ていくことにしましょう。

不気味なダークエネルギー

私たちは非常に奇妙な宇宙に住んでいます。それは、私たちの宇宙が暗黒に操られているからです。

私たちの日常感覚では、この宇宙は普通の物質（元素）でできていると思います。しかし、今では、コラム1で紹介したように、それは間違いであることがわかっています。私たちが手にした宇宙の成分表は次のようになっていました（コラム1、図C-1）。

普通の物質：5％
ダークマター：26・5％
ダークエネルギー：68・5％

ダークマターとダークエネルギーは今のところ、正体不明です。つまり、宇宙の成分のうち95％はわからないのです。私たちはまさに暗黒の宇宙に住んでいるのです。

ダークエネルギーは正体不明なので、正確な議論はできていない状況です。しかし、このエネルギーが〝ある性質〟を持っている場合、この宇宙は数百億年後に、木っ端微塵に吹き飛ばされて終焉《しゅうえん》を迎えることが予想されています。ビッグ・リップ（big rip）と呼ばれる未来予想図です。

宇宙は木っ端微塵で死ぬのか？

では、ビッグ・リップははたして訪れるのでしょうか？　〝ある性質〟と言われると、気になります。そこで、もう少し説明しておくことにしましょう。

宇宙はエネルギーを持った空間です（もちろん、時間もあるので、四次元時空です）。このような空間の状態を表す方程式があり、それは状態方程式と呼ばれます。例えば、空気にも空気の状態方程式があります。これは高校の物理で習ったので、覚えていると思います。

この状態方程式を特徴づけるパラメータがあります。それは、状態パラメータと呼ばれるもので、$w = p/\rho$ で表されます。ここで。p は圧力で、ρ は密度です。

この宇宙は膨張し続けていることがわかっていいます。また、件《くだん》のダークエネルギーはその膨張を加速させています。このダークエネルギーの持つ圧力がプラスであれば、宇宙を圧縮し縮めていく効果を示すはずです。しかし、逆なのです。つまり、暗黒エネルギーの持つ圧力は驚くべきことにマイナスであることがわかっています。したがって、wの値もマイナスになっています。

先に述べたビッグ・リップが起こるのはw＝-1.5の場合です。このときの暗黒エネルギーは特別に〝ファントム（幽霊）・エネルギー〟と名付けられています。

現在、天文学者たちはさまざまな方法でwの値を調べています。今のところ得られている値はw＝-1に近いので、ビッグ・リップは起こりそうもありません。しかし、油断は禁物です。ダークエネルギーがいつまで今の性質をキープするかは、わからないからです。あまりにも遠い未来のことなので、どうでもよいことかも知れませんが、とりあえず穏便な未来予想図を祈ることにしましょう。

銀河系統を解き放て

さて、この話を書いているとき、思い出したことがあります。それは宮沢賢治の詩です。

〔「詩ノート」付録〕〔生徒諸君に寄せる〕の中に出てくる詩です。この詩は賢治が4年間勤務した花巻農学校を退職するときに、生徒のために書いたものです。読んでみることにしましょう。

〔断章六〕
新らしい時代のコペルニクスよ
余りに重苦しい重力の法則から
この銀河系統を解き放て

（『【新】校本 宮澤賢治全集』第四巻、筑摩書房、1995年、298頁）

この文章には、

余りに重苦しい重力の法則

という表現が出てきます。やはり、宮沢賢治も重力に束縛されることに嫌悪感を持っていたのでしょう。

また、〝銀河系統〟という耳慣れない言葉が出てきますが、これは天の川銀河（銀河系）のことです。

さて、ビッグ・リップですが、この終焉は銀河系統を解き放つだけに終わりません。なんと、原子レベルまで破壊されてしまうのです。賢治の言葉を借りれば、銀河系統どころではなく、原子系統までも解き放つことになるのです。油断は禁物です。

11-2

時間そのものがウイルス

宇宙の未来予想図

私たちは138億歳の宇宙に住んでいます。このあと、宇宙はどのように進化していくのでしょうか？　最後に、宇宙の未来予想図を見ておくことにしましょう。

宇宙の未来予想図は大きく分けて以下の4通りになります。

・ビッグ・フリーズ
・ビッグ・リップ
・ビッグ・クランチ
・サイクリック宇宙

それぞれ、簡単に説明すると次のようになります。

【ビッグ・フリーズ】 フリーズ（freeze）は凍りつくという意味です。冷蔵庫に付いている冷凍室はフリーザーということからも想像がつくと思います。現在、宇宙は暗黒エネルギーのおかげで加速膨張フェーズにいますが、このまま膨張が続いていけば、宇宙はどんどん冷えていきます。最終的には絶対0度（マイナス273℃）に近づいていくのです。まさに、ビッグ・フリーズを迎えます。

【ビッグ・リップ】 これはすでに紹介しましたが、リップは唇（lip）のことではありません。エルではなくアールのほうのリップ（rip）で、強く引き裂かれることを意味します。ダークエネルギーがある状態をとると、宇宙膨張が急速に進行し、数百億年後には宇宙全体の膨張速度が光速を超えてしまいます。このとき、宇宙は原子レベルまで引き裂かれ、宇宙は破壊され死に至るのです。最悪の未来予想図です。

【ビッグ・クランチ】 クランチ(crunch)は潰れることを意味します。現在、宇宙は膨張していますが、膨張を止めるほど宇宙の中に物質があると、重力の働きで膨張にブレーキがかかります。その場合、膨張はいずれ止まり、そして宇宙は収縮に転じていきます。最終的には、宇宙はまたひとつの点のような小さな領域に集まり、死を迎えます。これがビッグ・クランチです。

【サイクリック宇宙論】 ビッグ・クランチの後、宇宙はどうなるのでしょう？　また、ビッグバンのような出来事が起きて、宇宙は膨張に転じる可能性が残されています。つまり、膨張→収縮→膨張→収縮というように、いつまでも振動するかのように宇宙が続いていく可能性があるのです。これをサイクリック宇宙モデルと呼びます。

私たちはダークエネルギーの正体を知りません。ダークエネルギーが今の性質を保つのであれば、宇宙は果てしなく膨張を続けるしかありません。そのため、可能性の高いのはビッグ・フリーズとビッグ・リップです。もし、ダークエネルギーが気まぐれを起こし、質量を持つ物質に変化したとすると、ビッグ・クランチやサイクリック宇宙が実現するかも知れません。

不確定要素はありますが、以下ではビッグ・フリーズのシナリオにしたがって、宇宙の未来予想図を見ていくことにしましょう。

50億年後の宇宙

50億年後なので、まだだいぶ先のことです。しかし、深刻な出来事が待ち構えています。太陽が死ぬのです。

太陽のような星のエネルギー源は熱核融合です。水素原子核（陽子）をヘリウム原子核に熱核融合してエネルギーを得ています。しかし、熱核融合は永遠には続きません。水素原子核が枯渇すれば止まるからです。

太陽程度の質量の星の寿命は１００億年です。現在、太陽の年齢は46億歳なので、熱核融合が続くのはあと50億年ということになります。太陽の外層部は拡がり、赤色巨星という大きな星になっていきます。水星や金星は太陽の外層部に飲み込まれ、地球もその運命を辿ります（図11-1）。太陽の死は、地球の死を意味します。

図11-1　50億年後、太陽は赤色巨星に進化し地球も飲み込まれていきます
https://ja.wikipedia.org/wiki/太陽#/media/ファイル:Red_Giant_Earth.jpg

天の川が消える日

50億年後に起こる、もうひとつの一大イベントは、天の川の消える日を迎えることです。第10章で見たように（10－1節）、天の川銀河はアンドロメダ銀河と40億年後に最初の衝突を経験し、50億年後にはもう天の川はその体をなしていません。60億年後には二つの銀河は完全に合体し、ひとつの巨大な銀河になっているのです。70億年後には、合体の痕跡もあらかた消えてしまいます。そのため、夜空を眺めると、ただぼうっと星々が輝いているだけになっています（図11－2）。

図11-2　今から70億年後に見える、天の川の消えた退屈な夜空

50億年後はまだ先のことですが、太陽、地球、天の川の三点セットが消えた宇宙になっているのです。なんだか侘《わび》しくなってきますが、致し方のないことです。

1000億年後の宇宙

今度は1000億年後の宇宙です。ビッグ・フリーズのシナリオでは、宇宙膨張は快調に続きます。そのため、1000億年後には、隣の銀河がひとつも見えない宇宙になっています。前節でお話しした「レッドアウト」と呼ばれる現象です。つまり、隣の銀河の遠ざかっていくスピードが光速を超えてしまいます。

ある銀河に住んでいる人から見れば、宇宙には自分たちの住んでいる銀河しか見えません。隣の銀河が見えなければ、宇宙全体の情報を得ることはできません。そもそも、この宇宙が膨張していることは、多数の銀河の観測からわかったことです。したがって、1000億年後には、宇宙が膨張している証拠を見つけることができなくなっているのです。

ビッグバン宇宙論の証拠である宇宙マイクロ波背景放射はどうでしょう（コラム2）。現在観測すると3Kの熱放射として電波で観測できます。しかし、1000億年後には宇宙膨張が進行しているため、波長がものすごく長い電波になり、また温度も絶対0度に近づいていきます。そのため、まず観測されることはありません。

1000億年後の宇宙にある銀河で人類のような知的生命体がいたとしましょう。彼らに宇宙の正体を見破ることができるでしょうか？　宇宙を眺めても自分たちの住んでいる巨大な銀河しか見えません。隣の銀河が見えないので、宇宙が膨張していることにも気がつきません。そして、ビッグバンの観測的証拠である宇宙マイクロ波背景放射も観測できないのです。彼らには宇宙は静的なものであり、遥か悠久の過去から変わらず存在し、今後も何事も変化はないだろうと思うでしょう。ビッグバン宇宙論を知ることもなく、彼らはこう語るかも知れません。〝私たちは神である！〟

　1000億年後には人類より遥かに高等な知的生命体が存在するかも知れません。しかし、それでも宇宙を正しく理解できない時代に突入しているのです。私たちは宇宙年齢138億歳の今の時代に生きていて本当によかったのです。過去を調べ、宇宙の成り立ちを理解することができるからです。そして、未来予想図でさえも語ることができるのです。

100兆年後の宇宙

　100兆年後になると、銀河がその体をなさなくなります。太陽はあと50億年後に死にますが、太陽より軽い星は熱核融合の効率が低いのでもっと長い間輝くことができます。しかし、それでも、燃料切れが容赦なくやってきます。数10兆年後にはすべての星が燃料切れを起こし死んでしまいます。

　星の輝かない銀河になるということです。物質はあるので、物質塊としては存在しています。しかし、それを銀河として認識することはできない時代になっているのです。宇宙に銀河が見えない時代。つまり、暗黒時代が、いずれやってくるのです。

10^{34}年後の宇宙

10^{34}年後には原子が死ぬと考えられています。現在、人類が手にしている素粒子の大統一理論が正しければ、水素原子核である陽子は壊れます。陽子崩壊と呼ばれている現象です。ただし、崩壊にかかる時間は極めて長く、それが10^{34}年という時間なのだ。

2002年、小柴昌俊氏が「ニュートリノ天文学の創設」で、ノーベル物理学賞を授与されたことを覚えていると思います。小柴のグループは陽子崩壊を捉えるため神岡鉱山の地下タンクに超純水を貯めたカミオカンデと呼ばれる観測施設を作りました。そこに飛び込んできたのが、大マゼラン雲で爆発した超新星からやってきたニュートリノだったのです。偶然の発見でしたが、それがノーベル物理学賞につながったのです。

タンクに貯められた超純水に含まれる陽子の個数は約10^{34}個です。崩壊にかかる時間は10^{34}年と極めて長いのですが、10^{34}個の陽子を観測すれば、1年に1個は崩壊する可能性があります。それを見つけるための実験なのです。カミオカンデはその後増強され、現在はスーパーカミオカンデという施設になっていますが、未だ陽子崩壊は観測されていません。今後の成果に期待しましょう。

しかし、この宇宙から原子が消えたらどうなるのでしょう。私たちの身体は原子でできています。地球も、太陽もそうです。つまり、星も銀河も消えてゆくことを意味するのです。その宇宙に知的生命体がいるとは思えません。誰にも認識されず、宇宙だけがある時代がやがてやってくるのです。

10^{100}年後の宇宙

最後は、切りの良いところで10^{100}年後の宇宙です。ダークエネルギーがそのまま活躍すれば、宇宙はまだ膨張を続けているはずです。膨張するにつれ宇宙の温度は冷えていきます。その頃にはほぼ絶対0度（マイナス273℃）になっているでしょう。

これは物理の世界では「熱的な死」と呼ばれています。しかし、私たちの宇宙では、銀河などの構造を作るのに、重力が重要な役割を担っています。そのため、より可能性の高いのは「重力的・熱的な死」です。このとき、頑張ってくれるのが「超・超大質量ブラックホール」です。

ブラックホールは不思議なことに蒸発することがわかっています。スティーヴン・ホーキングが提案したアイデアです。もし、太陽質量の1兆倍の質量を持つ「超・超大質量ブラックホール」があると、蒸発にかかる時間は10^{102}年です。なんと、10^{100}年後にも生きながらえているのです（詳細は拙著『宇宙はなぜブラックホールを造ったのか』光文社新書、2019年を参照してください）。

私たちの宇宙はそのような道を歩むのでしょうか。まだ、ダークエネルギーの正体を見極めていないのでなんとも言えません。しかし、どの道を通っても明るい未来はないようです。私たちの責務は、この宇宙を正しく理解し、次世代に叡智《えいち》を紡いでいくことだけです。「現在」という最も良い時代に宇宙に生きていることに感謝しましょう。

第12章

未知との遭遇を求めて不要不急の旅に出る

12-1 みんなどこにいるんだろうね

さて、『小さなことにあくせくしなくなる天文学講座』も最終章になりました。最後のテーマとして「宇宙人はいるのか？」という話題を選んでみました。不要不急の極致かも知れませんが、多くの皆さんが関心を持っているテーマであると思います。かくいう、私も大いに関心があります。そこで、宇宙人に関して、いくつか話題を提供していくことにしましょう。

宇宙人はいるのか？

1982年、『E.T.』という米国の映画が公開されました。スティーヴン・スピルバーグ監督のこの映画は日本でも大ヒットし、私も見ました。Extra-Terrestrial (E.T.) Intelligenceは地球外知的生命体のことです。愛らしい宇宙人が出てきて、私も会って見たいものだと思いました。

私たち地球人も宇宙に住んでいるので、宇宙人です。しかし、私たちが抱いているのは、「他の惑星にも私たちのような生命体がいるのではないだろうか？」という素朴な疑問です。この広い宇宙に私たち地球人しか知的生命体がいないというのは、あまりにも奇妙です。

『E.T.』以前にも、火星人が話題になったことがありました。火星の環境は地球の環境に比較的近く、水などの痕跡もあることで着目されていいます。英国のSF作家であるH・G・ウェルズ（1866〜1946）が1898年に発表した小説『宇宙戦争』には蛸《たこ》に似た形の火星人がでてきて、一世を風靡しました。私も子供の頃、よく目にしたものです。「火星人がいるかも知れない」この疑問の発端は「火星には運河がある」という話から始まったものです。イタリアの天文学者ジョバンニ・スキアパレッリ（1835〜1910）が口径22cmの望遠鏡で火星の観測をしたところ、線状の構造が見えたので、それを「運河」と名付けました。その後、運河の研究は米国のパーシバル・ローウェル（1855〜1916）に引き継がれ、火星の運河はどんどん有名になっていった経緯があります。ローウェルが私財を投じて建設したローウェル天文台は、長い間「火星の故郷」と呼ばれていたほどです。

2004年、米国NASAの火星探査プロジェクトであるマーズ・サイエンス・ラボラトリーは探査機ローバー（キュリオシティの名前で知られています）を火星に送り込み、火星表面の探査を行っています。有機分子が発見されるなどの成果を上げていますが、今のところ火星人には遭遇していません。

太陽系にいる宇宙人は地球人だけの可能性は高いですが、生命活動を探査するのであれば、やはり太陽系内の惑星やその衛星を探るのが近道になります。観測が行いやすいこともそうですが、実際に探査機を送って詳しい観測ができるためです。木星の衛星であるイオやエウロパは、表面は氷に覆われていますが、火山活動が発見されており、内部には海があると考えられています。宇宙人ではないかも知れませんが、宇宙魚に出会える可能性はゼロではないでしょう。

現在、「宇宙生命学」という学問分野が急速に発展してきています。理工学と医学の学際分野ですが、さまざまな生命誕生の理論を実験で検証する場所としては太陽系の惑星と衛星がやはり最良でしょう。

フェルミのパラドックス

さて、私たちはまだ私たち以外の宇宙人に出会ったことはありません。そのことをどう考えるかは人それぞれですが、高名な物理学者が語った言葉があります。

宇宙年齢は長い（100億年以上）
地球のような惑星は多数あるはずである
また、知的生命体も多いはずである
では、なぜ彼らは地球に来ないのだろうか？

この言葉はイタリアの物理学者エンリコ・フェルミ（1901〜1954、図12-1）が1950年に遺したもので、「フェルミのパラドックス」として知られています。
「フェルミのパラドックス」を一言で表すと

〝みんなどこにいるんだろうね〟

という問いかけになります。この問いかけは「宇宙人はいる」ことが前提になっています。科学的に考えれば、宇宙に特別な場所はありません。地球のような岩石惑星はごまんとあります。そうなると、私たち以外に宇宙人がいたとしても不思議はありません。

そもそも私たちが電波などの電磁波を使って宇宙を観測し始めてから、まだ100年しか経っていないのです（可視光は人類誕生の時から使われています）。

図12-1
エンリコ・フェルミ

かつて、私たち以外に宇宙人はいたのか？
現在、私たち以外に宇宙人はいるのか？
将来、私たち以外の宇宙人が誕生するのか？
かつて、私たち以外の宇宙人は地球を訪れたことがあるのか？

現在、私たち以外の宇宙人は地球にいる（しかし、会ってくれない）のか？

将来、私たち以外の宇宙人が地球を訪れるのか？

果たして、私たちはフェルミに明快な答えを与えることができるでしょうか。とりあえずできることは、偏見を持たずに、虚心坦懐《きょしんたんかい》に調査を続けることだけです。不要不急と言われても、「やるしかない」ということです。

最初の使者？

では、本当に誰も地球を訪れていないのでしょうか？　実は、2017年10月19日、驚くべき天体が発見されました。ハワイのマウイ島のハレアカラ山にあるハワイ大学天文学研究所が運用するパンスターズ天文台が発見した天体です。見かけの明るさは20等星です。最初は彗星かと思われましたが、途中で速度が変わるなど、不思議な動きをする天体でした。軌道を調べてみると、双曲線なので、太陽系に束縛された天体ではなく、単なる通りすがりの天体ということになります。

図12-2　オウムアムアのイラスト

https://solarsystem.nasa.gov/asteroids-comets-and-meteors/comets/oumuamua/in-depth/

いずれにしても、太陽系にとっては闖《ちん》入者《にゅうしゃ》です。大きさは４００ｍぐらいですが、細長い形をしていて、まるで宇宙船のようです（図12-2）。不思議な加速運動もすることから、何らかの人工天体である可能性も考えられました。もしそうであれば、まさに〝未知との遭遇〟です。そこで、この天体は「オウムアムア」と名付けられました。ハワイ語で〝最初の使者〟という意味です。

最近の研究では、人工天体ではなく、他の星の惑星が、その星の重力（潮汐力）で破壊されて、その星の系から逃げ出したものが、たまたま太陽系に侵入してきたのではないかと考えられています。

オウムアムアは幸い地球から2400㎞離れた場所を通過して、離れていきました。しかし、今後、こういう天体が地球にぶつかってくる可能性はゼロとは言えません。注意することに、越したことはありません。

12-2 地球は特別か？

10^{24}個の惑星

さて、知的生命体がいるとすれば、星ではなく惑星です。では、宇宙全体では、惑星はどのぐらいあるのでしょうか？ ざっと、数えてみることにしましょう。ただし、数えるといっても、実際に望遠鏡で見て数えていくわけにはいきません。そこで、まず、宇宙にある銀河の個数を評価してみます。

今までに、いろいろな銀河探査が行われてきました。その中で、最もディープに宇宙を調べた探査は、ハッブル宇宙望遠鏡によって行われたものです）。その探査はハッブル・エクストリーム・ディープ・フィールド（Hubble eXtreme Deep Field、XDFと略されます）です。南天の「ろ座」方向の小さな天域を徹底的に観測したものです（図12-3上）。撮影

図12-3　XDF

上：「ろ座」の方向にあるXDF。天域の広さの比較のために、満月（見かけの大きさは0.5度）の画像が右上に示されています。 下：XDFで得られた画像。約5500個の銀河が発見されました。

上：https://www.nasa.gov/images/content/690958main_p1237a1.jpg
下：NASA, ESA, and Z. Levay (STScl) –
http://hubblesite.org/newscenter/archive/releases/2012/37/image/c/

期間は2002年6月から2012年3月までの約10年間にも及びました。そして、総観測時間は200万秒。これは、約22・5日分に相当します。XDFで得られた画像は図12-4の下のパネルに示しました。ここには約5500個の銀河が写っています。

XDFが観測した天域の広さは2・3分角×2・0分角です（図12-3下）。1分角は1/60度（°）に相当しますので、天域の広さは0・00128平方度になります。この天域に約5500個の銀河が見つかったことになりますが、どの方向を見てもこのぐらいの銀河が見つかると仮定しましょう。全天の広さは4万平方度あるので、銀河の総数は次のようになります。

$$N_{銀河} = \frac{5500 \times 40000平方度}{0.00128平方度} = 1.72 \times 10^{11}個$$

XDFでは暗めの銀河は観測されていません。しかし、実際の宇宙では「暗い銀河のほうが、個数が多い」という傾向があります。したがって、このことを考慮に入れると、宇宙全体にある銀河の個数は10^{12}個、つまり約1兆個であるとしてよいでしょう。

では、宇宙全体にある星の個数は何個でしょうか？　天の川銀河（銀河系）の場合は、約2000億個の星があります。仮に、1個の銀河に1000億個の星があるとしましょう。そうすると、宇宙全体にある星の個数は、

$N_{星}$ ＝1兆個（宇宙にある銀河の総数）×1000億（1個当たりの銀河に含まれる星の個数）

＝10^{23}個

になります。最後に、惑星の個数です。1個の星に10個の惑星があると仮定しましょう。太陽系の場合は8個なので、こう仮定しても良いでしょう。すると、宇宙全体にある惑星の個数は、宇宙全体にある星の個数の10倍ですから、

$N_{惑星}$ ＝10^{24}個

になります。1億個の1億倍の、さらに1億倍です。地球はその中の1個にしか過ぎないということです。

知的生命体が存在できるという意味では、当然、制約があります（この後に説明する、ハ

ビタブル・ゾーンの説明を参照してください）。それにしても、これだけの数の惑星が宇宙にあるのであれば、地球のような惑星は数えきれないぐらいあるはずです。また、地球が特別でないのであれば、私たち人類も特別ではないはずです。

宇宙に特別な場所はない

天の川銀河の中には、というよりはこの宇宙には、１００種類以上にも及ぶさまざまな元素があります（図12-4）。現在までに知られている元素は１１８種類です。しかし、図12-4に示すように、自然界にあるものは、そのうちの94種類だけです。残りは人為的に生成されたものということです。自然界にある元素は原子番号92番のウラニウムまでと思われていた時期もありますが、原子番号93番のネプツニウムと原子番号94番のプルトニウムも、微量ながら自然界に存在しています。

ところで、天の川のみならず、宇宙に特別な場所はありません。さまざまな元素はどこにでもあるからです。

さまざまな元素は、原子、分子、イオンの状態でも存在しますが、多くはダスト（塵粒子）

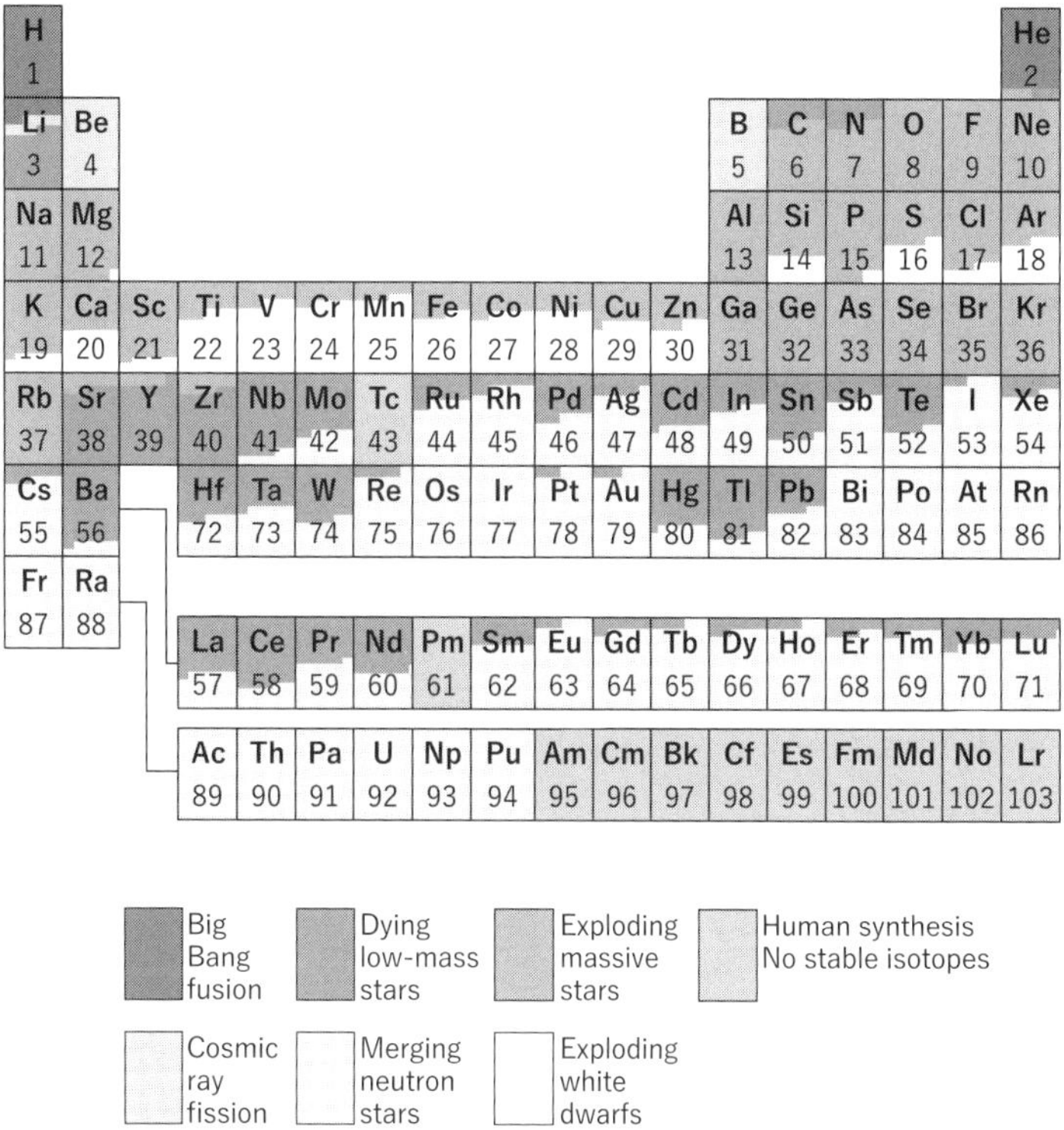

図12-4　宇宙にある元素とその主たる成因

ビッグバン宇宙論に従うと、宇宙最初の3分間は高温・高圧状態になっているので、元素合成が可能になります。これはビッグバン元素合成と呼ばれていますが、生成される元素は水素（H）とヘリウム（He）で9対1の割合で生まれます。その他にリチウム（Li）とベリリウム（Be）もわずかですが生まれます。ただ、現在の宇宙にあるリチウムとベリリウム、そしてホウ素（B）の大半は炭素などの重い元素が宇宙線によって破壊されてできたものです。炭素以降の重い元素は基本的に星の内部で発生した核融合や超新星爆発の産物として生成されてきたものです。一方、金（Au）やプラチナ（Pt）などのレアメタルは中性子星の連星の合体の際に生まれてきたと考えられています。図の95番以降の元素は自然界には存在せず、人為的に生成される元素です。先ごろ話題になった原子番号113番のニホニウム（Nh）も人為的に生成された元素のひとつです。
https://en.wikipedia.org/wiki/Chemical_element#/media/File:Nucleosynthesis_periodic_table.svg

の中に取り込まれています。ダストにもさまざまなものがありますが、成分は宇宙にある元素です。したがって、どんな銀河でも似たり寄ったりのダストがあることとなります。そして、それらのダストが原料になって、惑星が生まれてくることになります。結局、生まれてくる惑星も似たり寄ったりということになってしまうのです。つまり、宇宙には地球に似た岩石惑星はごまんとあるのです。「宇宙に特別な場所はない」これを肝に銘じておくことが大切になります。

ありふれた地球型惑星

では、他の星の周りにある惑星（系外惑星と呼ばれています）は見つかっているのでしょうか。最初の系外惑星は1995年に発見されましたが、現在までに、数千個もの系外惑星が見つかっています。地球に似たような惑星もあれば、巨大な木星のような惑星も見つかっています。つまり、探せばいくらでも見つかるのです。

今までに発見された系外惑星の大きさと軌道半径の関係を図12-5に示しましたので、ご覧ください。比較のために、地球を含めて太陽系の惑星もプロットしてあります。実の

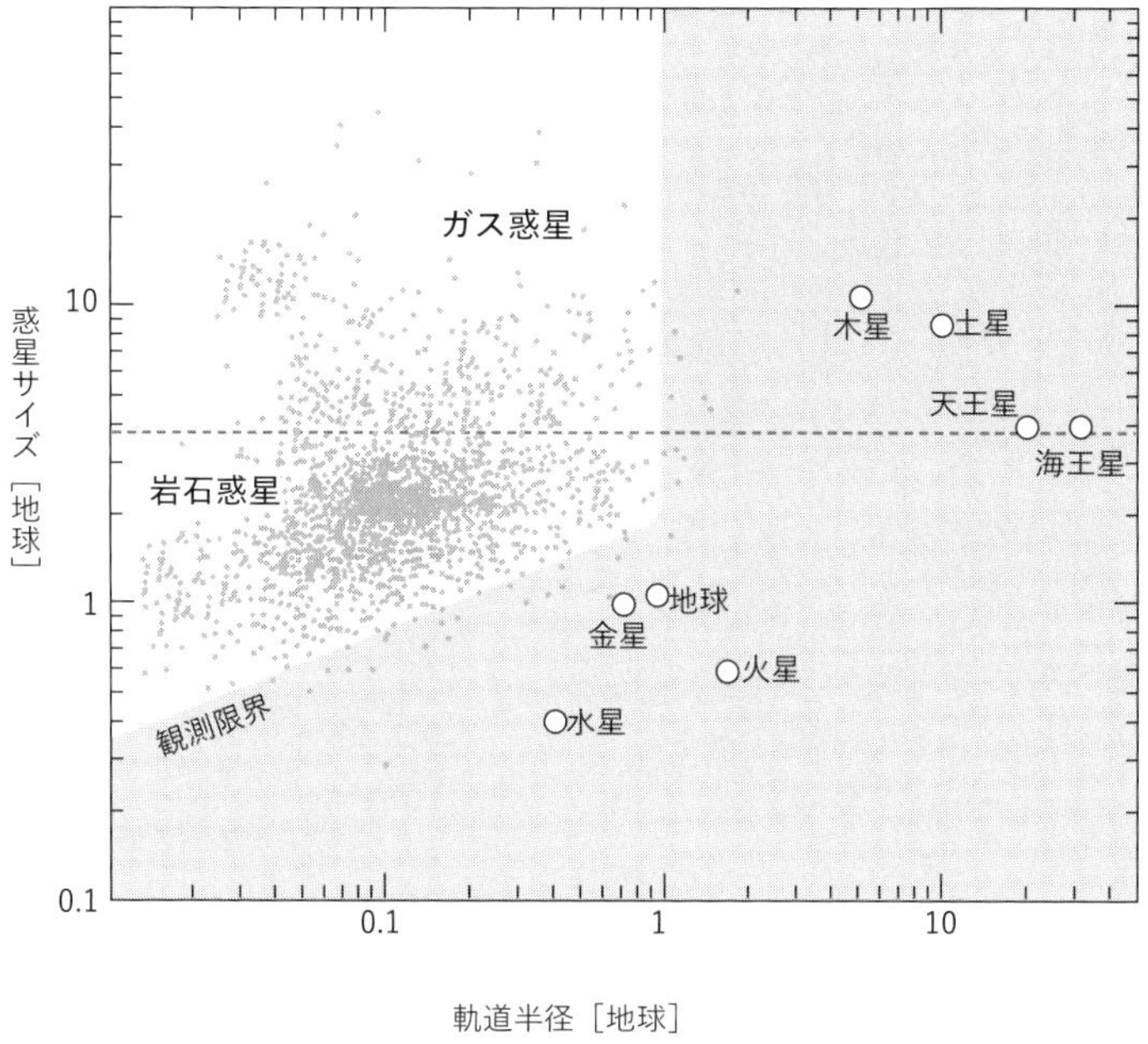

図12-5　今までに発見された系外惑星の大きさと軌道半径の関係

この図では大きさと軌道半径は地球の値を１にしてあります。（提供：井田茂）

ところ、観測の限界があるので、太陽系の惑星レベルの系外惑星の探査はまだ不十分です。

しかし、ひとつ重要なポイントがあります。それは、地球のような岩石惑星のほうが、木星のようなガス惑星に比べて非常に多いことです。観測の限界のためもありますが、地球の数倍のサイズを持つ惑星がほとんどです。これらは、地球より大きな岩石惑星（地球型惑星）なので、スーパー・アースと呼ばれています。こんなにたくさんあるのですから、生命体がいないほうが不思議なような気がしてきます。

ハビタブル・ゾーン

では、どんどん発見される系外惑星に知的生命体はいるのでしょうか？　太陽系の惑星を眺めても、生命体が宿れる惑星は多くはありません。水星や金星では、太陽に近すぎて灼熱状態にあります。例えば水星の表面では最高温度は摂氏４００度にもなってしまいます。一方、火星の平均温度は摂氏マイナス60度です。木星以遠の惑星では当然のことながら極寒の世界です。

つまり、星の周りに惑星やその衛星がたくさんあったとしても、生命体が宿れるものに

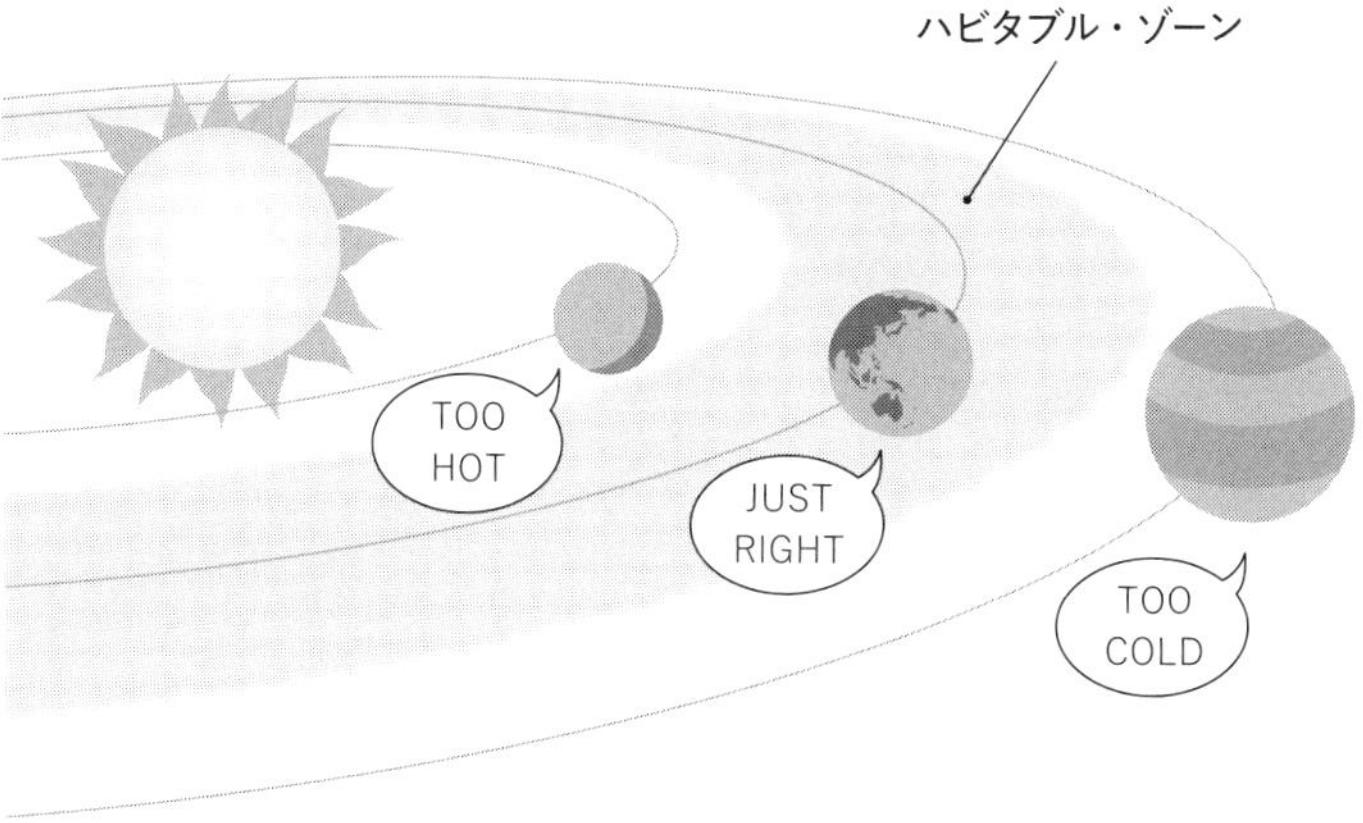

図12-6　ハビタブル・ゾーン（図中のグレーの領域）
この図では主星から十分なエネルギーの供給を受けられる範囲が示されています。(NASA)

は条件があります。もちろん、極端な環境でも生命活動を維持している生物も知られてはいますが、ここでは私たち人類のような生命体を想定しています。私たちのような生物が住める環境は〝ハビタブル・ゾーン〟と呼ばれています（図12-6）。

ではここで、ハビタブル・ゾーンについて、まとめておきましょう。まず、エネルギーの供給源が必要です。つまり、最初の条件は、当然のことながら、

・主星があること

になります。まずは、生命の進化に十分

な時間が確保できる主星の存在が重要になります。太陽の寿命は約100億年あります（現在の年齢は46億歳）。知的生命体が登場するまでには、やはりそれなりの長い時間がかかるので、短命の星では上手くいきません。例えば、太陽の50倍の質量を持つ大質量星の場合、寿命は数百万年しかありません。したがって、大質量星の周りに惑星があっても、知的生命体が発生する確率は低くなるでしょう。

そして、あとの条件はその星の惑星に対して課せられる条件です。

- **生命活動を維持するのに必要な液体の水が存在する**（主星の光度、主星からの距離、惑星の質量や化学組成などの要因で左右されます）
- **適切な量と質の大気が存在する**（地球の場合、大気は有害な紫外線やX線を遮断して私たちを守ってくれています）
- **磁場を持つことが望ましい**（宇宙線や星から吹いてくるプラズマ［電離ガス］の風［太陽の場合は太陽風］から私たちを守ってくれています）
- **安定した生命活動を維持できる場所として、陸地があること**（プレートテクトニクスによる陸地の形成、気候の安定化など）

・**主星の周りを回る惑星の公転軌道が力学的に安定している**（円軌道に近く、大惑星による擾乱《じょうらん》の影響がほとんどないことなど）

結構、いろいろな条件が整っていないと知的生命体は生まれてこないということです。

銀河生命居住可能領域

ところで、今紹介したハビタブル条件は、主星と惑星という観点から考えられたものに過ぎません。実は、銀河系（あるいは銀河）の中でも、ハビタビルな環境は限定されるという仮説が提唱されています。これは〝銀河生命居住可能領域（Galactic Habitable Zone、GHZ）〟と呼ばれるものです。その条件とは、次のようなものです。

・**他の星との遭遇頻度が低い**（遭遇すると恒星系内にある小天体の軌道が乱され、惑星への突入確率が高まる）

・**周辺で超新星爆発が発生する頻度が低い**（爆風波による大気の異常、放射線被曝《ひばく》など）

・巨大分子ガス雲との遭遇頻度が低い（寒冷化など）

これらに加えて化学組成の影響もあります。私たちの身体はさまざまな元素で構成されています。ビッグバンのときに生成された水素やヘリウムだけでは、高等生物は誕生しません。重元素（炭素以降の重い元素）がなければ、生命活動を維持することができません。したがって、銀河が誕生した頃（宇宙の年齢が2億歳の頃）には、銀河ができても星の内部で生成されたさまざまな元素が銀河の中に撒き散らされていないので、知的生命体が誕生することはないでしょう。つまり、銀河系（銀河）の中で星の誕生と死のサイクルがある程度進行してからでないと、生命の誕生はないということです。これは、宇宙誕生からの経過時間と銀河系（銀河）における星生成史が絡んでくる問題になります。

例えば、私たちは誕生から138億年経過した宇宙に住んでいます。これは偶然ではないかも知れません。なぜなら、生命活動を行うのに必要な重元素がある程度蓄えられた時期でなければ、人類のような知的生命体は誕生しないからです。このような考え方は〝弱い人間原理〟と呼ばれていますが、1961年、米国の物理学者ロバート・ディッケ（1916〜1997）により提案されたアイデアです。

さて、銀河系（銀河）の中では、中心に近いほど重元素量が多い傾向があります。これは星生成率が中心に近いほど高かったからです。一方、銀河系（銀河）の外縁部では重元素量はかなり少なく、惑星形成の材料となる塵粒子（固体物質）が不足します。これらのことを考慮すると、銀河円盤の中で、適当な位置に存在することが重要なハビタブル条件の一つになってきます。

では、銀河の中心に近いほうがよいかというと、そうとも言い切れません。実は、ほとんどすべての銀河の中心には質量の重いブラックホールがあります。このブラックホールにガスや星が落ち込むと、重力発電を起こして、強烈な電磁波やジェット（電離ガスが非常に速い速度で飛び出す現象）が出てきます。これらは明らかに生命体に悪影響を与えます。

銀河の中でも、住みやすいところと、そうでないところがありそうです。私たちの住む太陽系は銀河系の中心からの距離が約2万6000光年のところに位置しています（図3-7参照）。銀河系の半径は約5万光年ですから、ちょうど中間的な場所に位置していることになります。中心核に近すぎることもなく、重元素の少ない外縁部でもない。やはり、よい場所に住んでいると考えて良いでしょう。

12-3 不要不急の地球外知的生命体探査

宇宙人との交信

ハビタブル・ゾーンにあるという制約条件はあるものの、宇宙には「惑星がたくさんある」ことがわかりました。したがって、知的生命体もそれなりの数だけ存在していそうです。そこで、人類は地球外知的生命体探査を開始しました。

それは、1960年のことでした。

リーダーは米国の天文学者、フランク・ドレイク（図12-7、1930～）です。ドレイクらは米国国立電波天文台のグリーンバンクにある口径26mの電波望遠鏡を使い、二つのターゲットを観測しました。太陽とほぼ同じ質量と

図12-7
フランク・ドレイク

硬度を持つ「くじら座」のτ星（距離12光年）と、太陽に比べるとやや軽くて暗い「エリダヌス座」のε星（距離10・5光年）です。

ドレイクらが観測に選んだ周波数は1420MHzでした。これは水素原子の放射する波長21㎝の電波の周波数です。宇宙にある最も多い元素である水素の放射であれば、どんな宇宙人にも馴染みのあるものだという判断です。

このプロジェクトは「オズマ計画」と呼ばれ、1970年代中盤まで続けられました。数百個にも及ぶ星を観測しましたが、残念ながら宇宙人からの信号は検出できませんでした。

地球外知的生命探査は英語ではSearch for Extra-Terrestrial Intelligenceなので、略してSETI（セティ）と呼ばれています。SETIには次の2種類があります。

・受動的（Passive）SETI

電波信号の受信（電波望遠鏡）

大規模レーザー光の受信（光学望遠鏡）

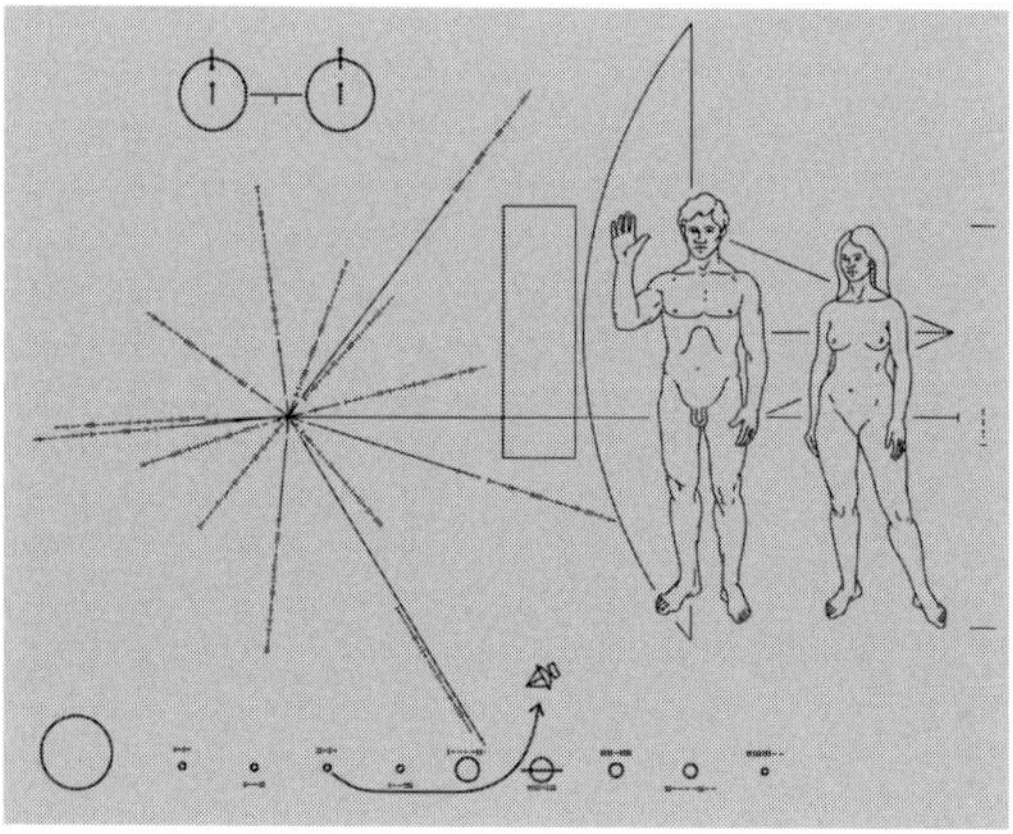

図12-8　パイオニア10号(1972年)とパイオニア11号(1973年)に載せられた地球人から他の宇宙人へのメッセージボード

Vectors by Oona Räisänen (Mysid); designed by Carl Sagan & Frank Drake; artwork by Linda Salzman Sagan - Vectorized in CorelDRAW from NASA image GPN-2000-001623

・能動的（Active）SETI

電波信号の送信（電波望遠鏡）

パイオニア探査機の金属板など（図12－8）（飛翔体）

受動的というのは、相手が発信した情報（電波や可視光などの電磁波）の受信を試みることです。これは徳川家康的発想です。つまり、〝鳴かぬなら鳴くまで待とうホトトギス〟という立場になります。

一方、能動的というのは、私たちから宇宙に情報発信を行い、それを宇宙人に検出してもらう試みです。今度は豊臣秀吉的発想です。つまり、〝鳴かぬなら鳴かせてみせようホトトギス〟という立場になります。

ところで、もうひとつ、織田信長の発想があります。〝鳴かぬなら殺してしまえホトトギス〟これはよくありませんので、無視することにします。

宇宙人と交信できる確率

宇宙人に会えるかどうかは別として、宇宙人と交信できる可能性はどのぐらいあるのでしょうか？　宇宙全体はあまりにも広すぎるので、まず私たちの住んでいる銀河系に限って考えてみることにしましょう。この立場を取り、先ほど紹介したドレイク（図12-7）は銀河系内で人類と交信できる地球外文明の数を計算してみることにしました。その計算式はドレイク方程式と呼ばれています。方程式というほど大げさなものではありませんが、いくつかのパラメータの掛け算で計算するものです。

ドレイク方程式を見てみましょう。Nが銀河系内で人類と交信できる地球外文明の数ですが、次のように表されます。

$N = R_* f_p n_e f_l f_i f_c L$

このNを求めるには、次の7つのパラメータを指定しなければなりません。

R_*：星生成率（個／年）
f_p：惑星保有率／恒星
n_e：ハビタブル惑星数／恒星
f_l：生命発生率／惑星
f_i：知的生命発生率／惑星
f_c：通信可能率
L：通信可能期間

どのパラメータも不定性があるので大変ですが、試しに以下の数字を選んでみることにします。

R_*：星生成率（個／年）＝10個／年
fp：惑星保有率／恒星＝0・5
ne：ハビタブル惑星数／恒星＝2
fl：生命発生率／惑星＝1
fi：知的生命発生率／惑星＝0・01
fc：通信可能率＝0・01
L：通信可能期間＝10000年

この場合、銀河系内で人類と交信できる地球外文明の数は、

$$N = R_* fp\, ne\, fl\, fi\, fc\, L = 10$$

になります。10もあるというのは凄いことです。ただ、通信可能期間を10000年にしていることに注意してください。ひとりの人に限れば、通信可能期間は100年もありません。その場合、N＝0・1回に減ってしまいます。

あと、生命発生率／惑星＝1はどの惑星でも生命は発生することを仮定します。これは良いとして、知的生命発生率／惑星＝0・1はどうでしょうか？　100種類の生命が発生したとして、そのうちのひとつが知的生命体（宇宙人）であるとしています。地球では46億年の歴史の中で、宇宙人（地球人）はごく最近になって誕生したことを考えると、知的生命発生率／惑星＝0・1は過大評価のような気もします。

ということで、ドレイク方程式はパラメータを追い込んでいかない限り、単なる数遊びの域を出ません。しかし、こういうガイドラインを与えることは大変重要です。今後のさまざまな観測や理論の発展で、信頼できる値に近づいていくことが期待されるからです。

バイオ・マーカーを探せ！

さて、既に述べたように、宇宙人との交信はかなり難しそうです。しかし、系外惑星探査はどんどん進み、既に数千個を超える系外惑星が見つかってきています。しかも、それらの多くはスーパー・アースに分類される岩石惑星です。果たして、これらの中に生命が宿っている惑星はないのでしょうか？　交信は無理だとしても、居るか、居ないかを判断するということです。

これを明らかにするには、見つかった系外惑星を天文学の手法で観測してみるしかありません。このときのキーワードは「バイオ・マーカーを探せ！」です。つまり、生命体が存在する痕跡を探すことになります。

では、何をもってバイオ・マーカーとすればよいでのしょうか？　ここでも、やはり地球のことが念頭にあるので、以下のようなものが挙げられます。

・生物が由来となる大気成分がある

酸素（O_2）、メタンなど

これらは光合成が由来となりうる成分です

オゾン（O_3）

酸素分子があれば、高層大気で酸素分子が解離され、また酸素分子と再結合すればオゾンができます

地球の高層大気にもあります

水（H_2O）

また酸素があれば水もあるでしょう

・星の光が惑星の植物に照射されたときの特徴的な反射光

（レッドエッジと呼ばれています：可視光帯ではなく近赤外線で植物が明るく見える現象です）

・惑星の色を調べる

惑星表面にある、海、土、植物、そして大気中の雲などの分布で惑星の色が決まります

一方、惑星は自転しているので周期的な変化が期待されます

ちなみに、地球は青く見えています（図12-9）

図12-9の写真は米国の天文学者であるカール・セーガン（1934～1996）の要請で撮影された写真です。セーガンはこの図を見せながら、こう語ったと言われています。

「人類の全ての歴史は、この小さな青い点で起こっている。ここは、我々の唯一の家だ」

図12-9　NASAの惑星探査機ボイジャー1号が撮影した地球

米国の天文学者であるカール・セーガンの要請で撮影された写真。地球は「ペイル・ブルー・ドット（蒼ざめた点）」と表現されました。
https://ja.wikipedia.org/wiki/ペイル・ブルー・ドット#/media/ファイル:PaleBlueDot.jpg

12-4 宇宙人を見つけにいく

どうしたら宇宙人に会えるか？

では、どうしたら宇宙人に会えるでしょうか？ 今度はこの問題を考えてみましょう。問題は探すのが難しいことと、交信もままならないことです。仮に、アンドロメダ銀河にアンドロメダ銀河星人がいるとしましょう。科学技術も人類並みに発展しているとします。実は、それでもコンタクトは難しいのです。

アンドロメダ銀河星人が今夜、天の川銀河に向けて電波を発したとしましょう。「おーい、元気ですか」私たちがその電波を受信するのは、250万年も後のことになります。なぜなら、アンドロメダ銀河と天の川銀河は250万光年も離れているからです。250万年後、地球の誰かがその電波を受信したとします。そして、早速、返事を電波で出します。

「はい、元気ですよ。そちらはいかがですか？」このメッセージをアンドロメダ銀河星人が受け取るのは、さらに250万年後のことになります。つまり、わずか一往復の交信に500万年もかかってしまうのです。

天の川銀河に最も近いアンドロメダ銀河ですら、この状況です。100億光年彼方《かなた》にもたくさん銀河はあります。しかし、交信には200億年の時間がかかるということです。結局、宇宙に1兆個もの銀河があっても、どうしようもないということになります。しかし、交信は駄目でも、受信だけでよいのなら、できないことはありません。ただし、やはり制約はあります。受信できるための条件は二つあります。

・どこかの宇宙人が地球方向に向けて連絡（電磁波）を出した

・どこかの宇宙人のいる場所（距離）と、連絡の到達時間が上手くマッチしたので、ある時代の地球人が連絡を受信できた

最初の条件は、知的宇宙人が存在することです。ここで〝知的〟という意味は、単に生物として存在するだけではなく、電磁波をコントロールして、放射する技術を持っている、ということです。「知的宇宙人は存在する」ことを、あたかも公理として認めてしまう感じになります。これを〝知的宇宙人存在公理〟と呼んでおきましょう。

次の条件は〝タイミング問題〟です。例えば、1億光年離れた銀河にいる宇宙人が、50億年前に1回だけ連絡を出したとします。その信号を私たちが受信できるのは49億年前です。そのとき、人類はいたでしょうか？　いません。そもそも地球を含む太陽系が生まれたのは46億年前のことです。したがって、地球人はまだ存在していないので、その信号を受信することはできなかったのです。つまり、私たちが、今の時代に上手く受信できるように、遠く離れた宇宙人がタイミングをはかって電磁波を出してくれることが必要になるのです。

以上をまとめると、〝知的宇宙人存在公理〟を認めた上で、〝タイミング問題〟が克服できた場合にのみ、私たちは宇宙人からの連絡を受信することができるのです。

銀河系に住む宇宙人なら、銀河系のサイズは10万光年なので、タイミング問題は軽減されます。しかし、それでも交信には何万年単位の時間が必要になります。宇宙人との交信は、気が短い人には向かないようです。

図12-10　ブレイクスルー・スターショットで使われる宇宙ヨットの概念図
https://en.wikipedia.org/wiki/Breakthrough_Starshot#/media/File:Solar_Sail_(14914129324).jpg

ブレイクスルー・スターショットの旅路

ここで英国の理論物理学者スティーヴン・ホーキング博士らが提唱している「ブレイクスルー・スターショット(Breakthrough Starshot)」と名付けられたプロジェクトを紹介しておきましょう。宇宙人がいるかどうか、直接見に行くものです。

このプロジェクトでは、超軽量宇宙船「ナノクラフト」(図12-10)を、地球に最も近い星、「ケンタウルス座」のα星(距離4.4光年)まで飛ばすのです。推進力はレーザーです。基本的な原理はヨットと同じです。

この「ナノクラフト」に1辺が1メートル程度の極めて薄い帆を取りつけます。そして、この帆に、地上からレーザーを照射します。これだけのことで、「ナノクラフト」はなんと光速の20％の速度で移動することができます。この速度なら、わずか10年で「ケンタウルス座」のα星に到達することができます。

「ケンタウルス座」のα星は三重星ですが（α Centauri A、B、およびC [Proxima Centauri]）、惑星の候補も見つかっています。その惑星を直接調査することができるのです。果たして、そこにどんな世界が広がっているのでしょうか。緑の草原があり、町も見えるかも知れません。

宮沢賢治に学ぶ

最後に、宮沢賢治（以下では賢治）に学んでおくことにしましょう。賢治は岩手県の花巻で生まれた童話作家・詩人です。わずか37歳という若さでこの世を去りましたが、賢治の作品は今でも多くの人に読み継がれています。賢治は科学に造詣が深かったので、その知識が作品に上手く生かされており、ユニークな童話や詩が多く見られます。ここでは、『詩ノート』付録〈生徒諸君に寄せる〉に収められている〈断章六〉を見てみます。

新らしい時代のダーウヰンよ
更に東洋風静観のキャレンヂャーに載って
銀河系空間の外にも至って
更にも透明に深く正しい地史と
増訂された生物学をわれらに示せ

（『【新】校本 宮澤賢治全集』第四巻、本文篇〈筑摩書房、1995年〉、298−299頁）

賢治は私たちを鼓舞します。

——新らしい時代のダーウヰンよ——

ここでの「ダーウヰン」とは進化論を提唱した英国の自然科学者であるチャールズ・ダー

ウィン（1809～1882）のことです。

――更に東洋風静観のキャレンヂャーに載って――

そして、ここに出てくる「キャレンヂャー」は英国海軍の軍艦チャレンジャー号のことです。1872年から1876年にかけて海洋探査を行い、海洋学の発展に大きな貢献をしました。賢治の時代では、ヒーローのような船だったのでしょう。今の時代であれば、頭に浮かぶのは米国NASAのスペース・シャトル、チャレンジャー号です（図12-11）。

賢治は新しい時代のダーウィンである私たちに、ブレイクスルー・スターショットで惑星を見てこいと命じているような気がしてなりません。本来ならば、実際に宇宙船に乗り込み、見つかるまで探したい。そういう強い意志を感じる賢治の詩です。賢治が生きていたら、新たな能動的SETIにチャレンジしていたことでしょう。

不要不急とは言っていられませんね。宇宙へなら、不要不急の旅は誰にも迷惑がかかりません。みんなで頑張りましょう！

図12-11　スペース・シャトルのチャレンジャー号

http://spaceinfo.jaxa.jp/ja/shuttle_challenger.html

コラム1

宇宙の成分表

最近の研究から、私たちは極めて奇妙な宇宙に住んでいることが、わかってきました。私たちの住んでいる宇宙には何があるか？　その成分表を図C-1に示しましたのでご覧ください。

私たちが知っている元素でできた物質：わずか5％
ダークマター：26・5％
ダークエネルギー：68・5％

こういう割合になっています。ダークマター（暗黒物質）とダークエネルギー（暗黒エネルギー）はその正体がわかっていません。つまり、宇宙の成分のうち、95％がなんであるかを知らずに、私たちはこの宇宙に住んでいるのです。

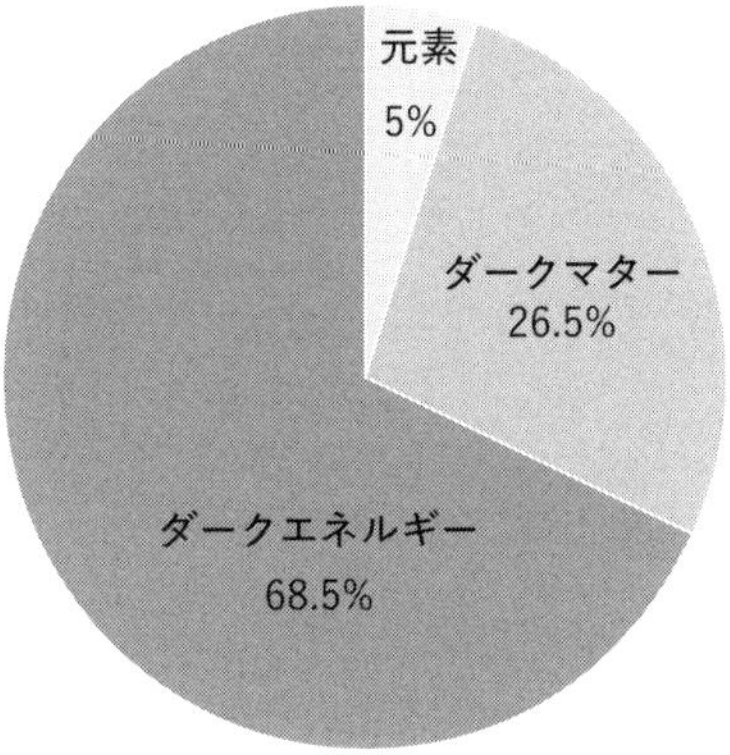

図C-1　宇宙の成分表

ちなみに、ダークという言葉は〝暗黒〟というより、〝わからない〟という意味で使われています。

このような成分表が得られたのは、ここ30年ぐらいのことです。人類の宇宙の観測技術が上がったためにわかってきたことです。どうも研究というのは「イタチゴッコ」のようでもあります。新たな観測をすると、今までわからなかった謎が解けます。ところが、今までの謎より、もっと奇妙な、あるいは理解しがたい謎が出てくるのです。そんな感じで研究が進んでいると思ってください。

コラム2

宇宙の歴史

宇宙の誕生と進化のシナリオをまとめておきましょう。

1.

まず、「無《む》」から宇宙が誕生します。これが138億年前の出来事でした。常識で考えると、「無」から何か生まれるとは思えません。ここで言う「無」はミクロの世界の「無」です。ミクロの世界では、すべての物理量が揺らいでいます。位置や速度、時間やエネルギーなども揺らいでいます。「無」も揺らいでおり、粒子やその反対の性質を持つ粒子が生まれたり、消えたりしています。そのため、揺らいだ「無」から、ある確率で、宇宙が誕生することがある。そういう考え方です。もちろん、観測的に検証することはできません。したがって、現状では、「可能性のある宇宙の誕生のシナリオ」として考えられている段階です。

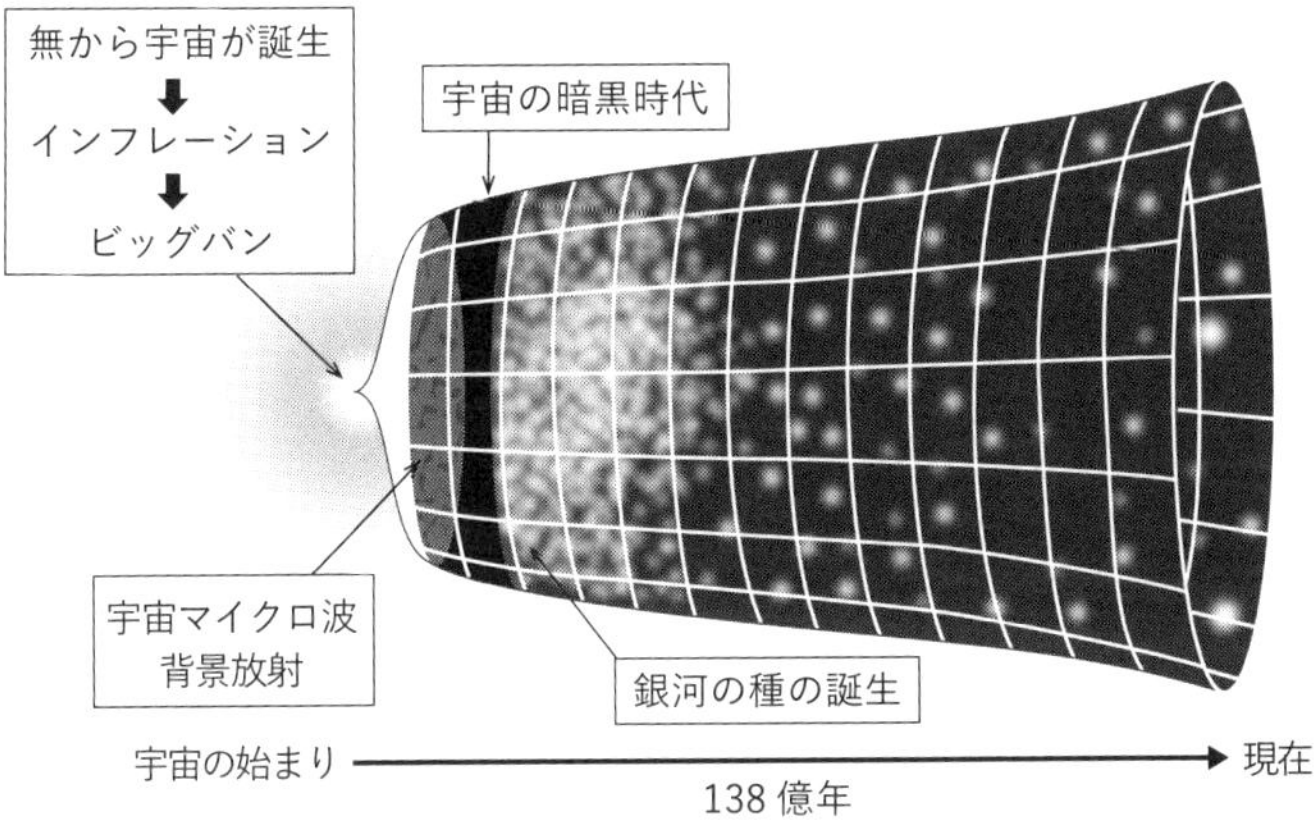

図C-2　宇宙の誕生と進化のシナリオ

2. 誕生した宇宙はエネルギーを持っていたので、急激に膨張します。そのため温度がどんどん下がり、宇宙の状態が変化しながら進化していきます。その変化は相転移と呼ばれます。この相転移はインフレーションと呼ばれる指数関数的な宇宙膨張を引き起こします。この出来事は宇宙が誕生後～10^{-36}秒後にスタートし、～10^{-34}秒後に終わってしまうのですが、このわずかな間に、宇宙の大きさは10^{43}倍に膨れ上りました。

3. インフレーションは熱エネルギー（潜熱）を残して、あっという間に終わります。その後、その熱エネルギーを使って宇宙膨張（いわゆるビッグバンと呼ばれている現象）を引き起こしたのです。

4. この宇宙は最初の3分間で元素合成を行いました。生まれた元素は水素（陽子）とヘリウム（ヘリウム原子核）でした。このときにできた陽子とヘリウム原子核の割合は9対1でした。そのため宇宙にある元素のほとんどは水素なのです。

5. 38万年後、電離していたプラズマ宇宙は終わり、宇宙は中性化しました。その頃の宇宙では、電磁波はプラズマによる散乱を受けなくなるので、宇宙を自由に伝播できるようになりました。このときの宇宙の温度は3000Kであり（ここでK［ケルビン］は絶対温度の単位。摂氏との関係は0K＝マイナス237℃です）、宇宙はその熱放射で満たされていました。この熱放射を現在観測すると、宇宙膨張の影響で波長が伸びて観測されます。波長が伸びると、電磁波の色は赤くなります。そのためこの現象は“赤方偏移”と呼ばれています。

現在の宇宙は宇宙年齢38万年の頃に比べると、約1000倍大きくなっています。そのため、熱放射の波長は1000倍長くなって観測されることになります。波長が

1000倍長くなると、電磁波のエネルギーと温度は1分の1000に下がります。したがって、現在、熱放射を観測すると、3000Kを1000で割って、3Kの温度の熱放射として観測されるのです。

マイナス270℃なので、熱放射のピークはマイクロ波という電波の波長帯で観測されます。それが、温度3Kの宇宙マイクロ波背景放射の正体です。この熱放射の存在は、ビッグバンが起こった観測的な証拠です。夜中にテレビの番組が終わったあと、テレビからはざーっという雑音が流れます。この雑音の約1割は宇宙マイクロ波背景放射です。この、ざーっという音を聞いたことがある人は、ビッグバンの証拠の「音」を聞いたことになります。

6.

宇宙の中では、ダークマター（暗黒物質）の重力に導かれ、原子物質が集められていきます。宇宙誕生後1億年から数億年経過したときに（平均して約2億年）、宇宙最初の星が生まれ始めました。その前は宇宙にはひとつも星がないので真っ暗でした。そのため、宇宙最初の約2億年間は、宇宙の暗黒時代と呼ばれています。

7. 原子物質を含む暗黒物質の塊（ダークマター・ハローと呼ばれる）が合体をくり返しながら成長し、銀河を形作っていくことになります。

8. そして現在、宇宙の年齢は138億歳になり、美しい銀河に彩られた宇宙になったのです。私たちの住んでいる天の川銀河も、こうやって生まれ、育ってきたのです。

コラム3

銀河の歴史

銀河はダークマターの重力で集められたガスの中で星々を作りながら誕生しました。最初は軽い小さな塊（大きさは数千光年、質量は太陽の１００万倍程度）から出発し、周辺にあった塊同士が次々に合体して進化してきたのです。

これは宇宙における銀河のような構造を促す力が「重力のみ」であるためです。つまり、銀河は合体しながら育つ。それしか、道がなかったのです。

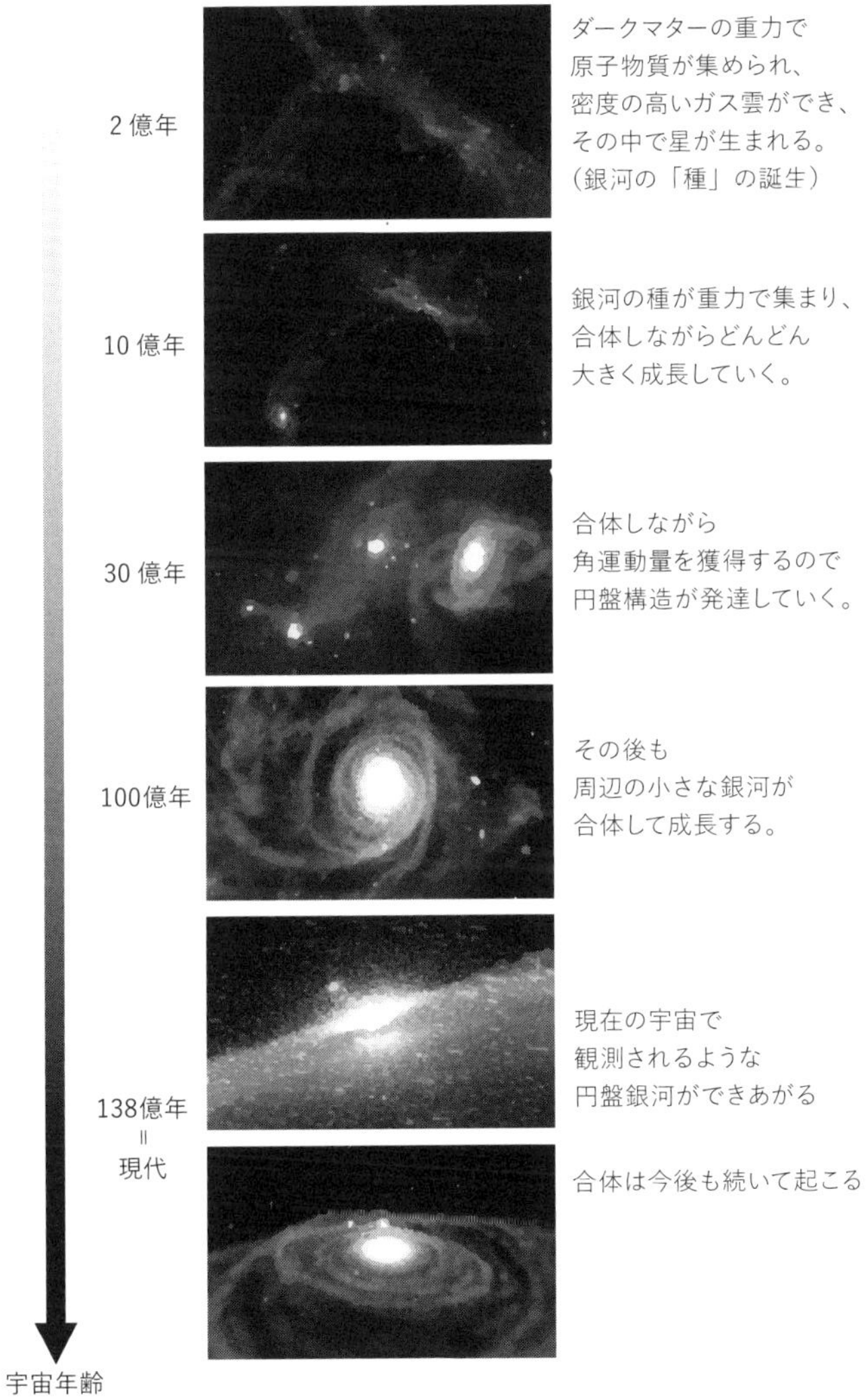
2億年
ダークマターの重力で
原子物質が集められ、
密度の高いガス雲ができ、
その中で星が生まれる。
(銀河の「種」の誕生)
10億年
銀河の種が重力で集まり、
合体しながらどんどん
大きく成長していく。
30億年
合体しながら
角運動量を獲得するので
円盤構造が発達していく。
100億年
その後も
周辺の小さな銀河が
合体して成長する。
138億年
=
現代
現在の宇宙で
観測されるような
円盤銀河ができあがる
合体は今後も続いて起こる
宇宙年齢

図C-3　(国立天文台, 4D2U)

おわりに

本書では「不要不急」をキーワードにして、宇宙にまつわるお話をしましたが、主役は銀河に務めてもらいました。どっしりとして、落ち着いた風情の銀河を眺めてみましたが、いかがだったでしょうか？

また、最後には宇宙人の話題にも触れましたが、その中で宮沢賢治にも登場してもらいました。賢治の童話の代表作として名高い『銀河鉄道の夜』はとても不思議な作品ですが、現代の天文学の観点から見ても、十分楽しめるものになっています。それをまとめたものが拙著『天文学者が解説する宮沢賢治「銀河鉄道の夜」と宇宙の旅』（光文社新書、2020年）です。この本を準備する際、賢治の他の作品も読んでみましたが、私が感じたことは〝賢治は不思議な人〟ということでした。37年間という短い人生でしたが、賢治はどのような生き方をしていたのか気になりました。そして、その答えは『注文の多い料理店』の「序」に書いてあることに気がつきました。

わたしたちは、氷砂糖をほしいくらゐ持たないでも、きれいにすきとほつた風をたべ、桃いろのうつくしい朝の日光をのむことができます。

またわたくしは、はたけや森の中で、ひどいぼろぼろのきものが、いちばんすばらしいびらうどや羅紗や、宝石いりのきものにかわつてゐるのをたびたび見ました。

わたくしは、さういふきれいなたべものやきものをすきです。

これらのわたくしのおはなしは、みんな林や野原や鉄道線路やらで、虹や月あかりからもらつてきたのです。

ほんたうに、かしはばやしの青い夕方を、ひとりで通りかかつたり、十一月の山の風のなかに、ふるえながら立つたりしますと、もうどうしてもこんな気がしてしかたないのです。ほんたうにもう、どうしてもこんなことがあるやうでしかたないといふことを、わたくしはそのとほり書いたまでです〔。〕

ですから、これらのなかには、あなたのためになるところもあるでせうし、ただそれつきりのこともあるでせうが、わたくしには、そのみわけがよくつきません。なんのことだか、わけのわからないところもあるでせうが、そんなところは、わたくしにもまた、わけがわからないのです。
けれども、わたくしは、これらのちいさなものがたりの幾きれかが、おしまひ、あなたのすきとほつたほんたうのたべものになることを、どんなにねがふかわかりません。

宮澤賢治
大正十二年十二月二十日

（『【新】校本 宮澤賢治全集』第十二巻、本文篇〈筑摩書房、1995年〉、『イーハトヴ童話 注文の多い料理店 序』7頁）

つまり、賢治の紡ぐ物語の起源は、
これらのわたくしのおはなしは、みんな林や野原や鉄道線路やらで、虹や月あかりからもらつてきたのです。

ということなのです。賢治は賢治の居る場所にあるもの、あるいは居るものたちと交感し、それを通じて感じたことを書き留めているだけなのです。それが賢治の作品だということです。

賢治は夜の山歩きが大好きでした。何か大切な用事があって出かけたのでしょうか？あるいは、何か急ぎの用事があったのでしょうか？　多分、何も用事はなかったのだと思います。好きだから出かけた。それだけのことだったのではないでしょうか。つまり、賢治にとっての夜の山歩きは「不要不急」の外出だったのです。

また、本文で述べたように（第1章）、賢治は中学生になった頃、宇宙に関心を持つようになりました。賢治の弟、宮沢清六の『兄のトランク』を読むとわかります。賢治は清六に次のように語りました。

「私達は毎日地球という乗り物に乗っていつも銀河の中を旅行しているのだ」

（ちくま文庫、1991年、21―22頁）

今から100年も前の中学生の言葉とは思えません。こういう感覚が名作『銀河鉄道

の夜』へ繋がっていったのでしょう。屋根の上での星空観察も「不要不急」の用事ではあります。賢治の偉業は「たくさんの無用が集まって、大用になった」結果ではないかと思います。

現在のように、コロナ禍の時代にあっては、感染を広げるような行動は慎まないといけません。感染を広げるような「不要不急の外出」は基本的には避けるとしても、夜空を眺めたり、野山を駆け回って自然と交感したりすることはとても大切なように思います。ゆったりと暮らしている銀河に学び、無用を大用にした賢治にも学び、これからの人生に生かしてもらえれば幸いです。

谷口義明

謝辞

本書が実現する運びとなったのは、国立天文台・天文情報センター普及室長の縣秀彦氏からPHPエディターズ・グループ書籍編集部へのご紹介をいただいたことです。まず、縣氏に深く感謝させていただきます。

また、本書に貴重な写真やデータのご提供をいただいた本間希樹氏（国立天文台・水沢VLBI観測所長）、立松健一氏（国立天文台・野辺山宇宙電波観測所長）、梅本智文氏（野辺山宇宙電波観測所FUGINプロジェクトリーダー）、宮崎聡氏（国立天文台・すばる望遠鏡ハイパースプリームカム・プロジェクトリーダー）、および吉田直紀氏（東京大学）に深く感謝させて頂きます。

美しい星空の写真をご提供いただいた畑英利氏と大西浩次氏に深く感謝させていただきます。

また、多くの天文台や研究所で取得された美しい宇宙の画像を使用させていただきました。ここに深く感謝させていただきます。

PHPエディターズ・グループ書籍編集部の見目勝美氏には本書の構想段階から出版まで貴重なご助言とご努力をいただきました。末尾になり恐縮ですが、深く感謝させていただきます。

著者紹介

谷口 義明

（たにぐち よしあき）

1954 年　北海道名寄市で生まれる

すぐに旭川市に引っ越したため、幼少期の記憶は旭川からになる

北海道立旭川東高等学校卒業

東北大学理学部天文および地球物理学科第一卒業

東北大学大学院理学研究科天文学専攻 単位取得の上退学

放送大学教養学部・教授

理学博士・天文学者

専門：銀河天文学、観測的宇宙論

著書：『天の川が消える日』（日本評論社）、『アンドロメダ銀河のうずまき』『ついに見えたブラックホール 地球サイズの望遠鏡がつかんだ謎』（以上、丸善出版）、『宇宙はなぜブラックホールを造ったのか』『天文学者が解説する宮沢賢治『銀河鉄道の夜』と宇宙の旅』（以上、光文社新書）など多数。

装幀　印牧真和
本文デザイン・作図　宇田川由美子
編集　見目勝美（PHPエディターズ・グループ）

小さなことにあくせくしなくなる天文学講座
——生き方が変わる壮大な宇宙の話

2021年4月1日　第1版第1刷発行

著者　谷口義明
発行者　岡修平
発行所　株式会社PHPエディターズ・グループ
〒135-0061 江東区豊洲5-6-52
☎03-6204-2931
http://www.peg.co.jp/
発売元　株式会社PHP研究所
東京本部　〒135-8137 江東区豊洲5-6-52
普及部　☎03-3520-9630
京都本部　〒601-8411 京都市南区西九条北ノ内町11
PHP INTERFACE　https://www.php.co.jp/
印刷・製本所　図書印刷株式会社

ISBN978-4-569-84870-9